Оксана Микайло

От стекла к флюиду: особенности получения кварцевого аэрогеля

Оксана Микайло

От стекла к флюиду: особенности получения кварцевого аэрогеля

LAP LAMBERT Academic Publishing

Impressum / **Выходные данные**

Bibliografische Information der Deutschen Nationalbibliothek: Die Deutsche Nationalbibliothek verzeichnet diese Publikation in der Deutschen Nationalbibliografie; detaillierte bibliografische Daten sind im Internet über http://dnb.d-nb.de abrufbar.
Alle in diesem Buch genannten Marken und Produktnamen unterliegen warenzeichen-, marken- oder patentrechtlichem Schutz bzw. sind Warenzeichen oder eingetragene Warenzeichen der jeweiligen Inhaber. Die Wiedergabe von Marken, Produktnamen, Gebrauchsnamen, Handelsnamen, Warenbezeichnungen u.s.w. in diesem Werk berechtigt auch ohne besondere Kennzeichnung nicht zu der Annahme, dass solche Namen im Sinne der Warenzeichen- und Markenschutzgesetzgebung als frei zu betrachten wären und daher von jedermann benutzt werden dürften.

Библиографическая информация, изданная Немецкой Национальной Библиотекой. Немецкая Национальная Библиотека включает данную публикацию в Немецкий Книжный Каталог; с подробными библиографическими данными можно ознакомиться в Интернете по адресу http://dnb.d-nb.de.
Любые названия марок и брендов, упомянутые в этой книге, принадлежат торговой марке, бренду или запатентованы и являются брендами соответствующих правообладателей. Использование названий брендов, названий товаров, торговых марок, описаний товаров, общих имён, и т.д. даже без точного упоминания в этой работе не является основанием того, что данные названия можно считать незарегистрированными под каким-либо брендом и не защищены законом о брендах и их можно использовать всем без ограничений.

Coverbild / Изображение на обложке предоставлено: www.ingimage.com

Verlag / Издатель:
LAP LAMBERT Academic Publishing
ist ein Imprint der / является торговой маркой
OmniScriptum GmbH & Co. KG
Heinrich-Böcking-Str. 6-8, 66121 Saarbrücken, Deutschland / Германия
Email / электронная почта: info@lap-publishing.com

Herstellung: siehe letzte Seite /
Напечатано: см. последнюю страницу
ISBN: 978-3-659-48911-2

ОГЛАВЛЕНИЕ

ВВЕДЕНИЕ

Поиск новых материалов для современных технологий приводит к усложнению их составов, следовательно, задача сохранения исходных химических составов в процессе их промышленного использования является чрезвычайно актуальной. С этим обстоятельством напрямую связано и всё возрастающее применение не многокомпонентных кристаллов, а аморфных материалов на их основе. При условии одинаковых исходных компонентов, синтез аморфных материалов, как правило, более дешёв и прост, в сравнение с их кристаллическими аналогами, однако следует учитывать, что даже незначительное изменение состава кристаллического вещества при сохранении его структуры, то есть его нестехиометрия, может заметно искажать его физические свойства. Процесс поиска путей синтеза новых многокомпонентных материалов обычно сопровождается построением P-T-x диаграммы стабильных фазовых состояний (P - давление, T-температура и x-состав), которые в графическом виде ёмко содержат информацию о составах соединений в системах, их расплавов и пара при определённых давлениях и температурах. Таким образом, диаграмма состояния позволяет подбирать пути синтеза и условия последующего отжига кристаллических фаз. В процессе построения таких диаграмм наиболее затруднительно выделить диаграммы стабильных фазовых состояний, особенно для многокомпонентных систем (не служат исключением и однокомпонентные системы), так как во многих из них возникают метастабильные состояния, которые характеризуются своими фазовыми диаграммами. Возникает ситуация, при которой у единственной диаграммы стабильных состояний может быть несколько диаграмм метастабильных состояний. Зачастую, получение метастабильного материала приоритетно в сравнение с его стабильными составами, и поэтому полная информация о системе предусматривает построение фазовой диаграммы, включающей её стабильные и метастабильные равновесия.

Выбор материалов для данных исследований не случаен и обусловлен полупроводниковыми свойствами халькогенидных материалов, позволяющими использовать их в качестве однослойных и многослойных оптических покрытий, охватывающих видимый и инфракрасный диапазоны спектра и регулирующих оптические свойства деталей из стекла, кварца, различных монокристаллов, полупроводниковых и других материалов. Поскольку кристаллические и аморфные состояния халькогенидов очень сильно отличаются величинами электрического сопротивления, то очевидными являются возможности применения халькогенидных материалов для создания нового типа памяти, так называемой памяти с изменением фазового состояния. В памяти этого типа для представления информации используется температурное изменение фазового состояния вещества, а именно - переход между аморфной и кристаллической структурами.

Что касается оксидных материалов, то изучение кристаллических и аморфных состояний оксидов актуально в силу получения информации о механизмах электронных явлений в неупорядоченных системах с сильной локализацией носителей заряда. С другой стороны, стремительное развитие нанотехнологий ведет к появлению новых оксидных материалов, содержащих наноразмерные частицы, с которыми эти вещества приобретают новые свойства. Уменьшение размеров наночастиц ниже некоторой пороговой величины влияет на их физические свойства, в частности большой вклад поверхностной энергии в свободную энергию частицы может приводить к изменению границ области существования различных фаз. Вероятность подобных структурных изменений необходимо учитывать при изучении свойств микрокристаллов и аморных материалов, в частности аэрогелей. В связи с этим, теоретические и экпериментальные исследования, касающиеся возможности устойчивого существования малых частиц в халькогенидных и оксидных соединениях в форме метастабильных модификаций являются чрезвычайно актуальными. В качестве первоочередной задачи данных исследований ставилась цель проследить связь между стабильными равновесиями, метастабильной кристаллизацией и стеклообразным состоянием, а также продемонстрировать возможность прогнозирования появления метастабильного и стеклообразного состояний на фазовых диаграммах.

РАЗДЕЛ 1. МЕТАСТАБИЛЬНАЯ КРИСТАЛЛИЗАЦИЯ И СТЕКЛООБРАЗОВАНИЕ

1.1. Метастабильные состояния систем в P-T-x фазовом пространстве

Подход к метастабильному состоянию как к фазовому состоянию, термодинамически устойчивому к непрерывным изменениям, но неустойчивому в отношении образования из него других фаз был развит ещё в работах Гиббса [1]. При построении P-T фазовых равновесий Скрейнемакерс [2] рассматривал стабильные и метастабильные лучи моновариантних равновесий как равноправные, с точки зрения возможности их геометрического построения. В данной работе для теоретических исследований использовался метод изображения фазовых состояний в виде геометрических образов на P-T плоскости (для однокомпонентных систем) и P-T-x пространстве (для двухкомпонентных систем) [2-4]. Образование стабильной фазы приводит систему в состояние с абсолютным минимумом свободной энергии, но при определённых условиях зарождается и растёт не абсолютно стабильная, а метастабильная фаза, образование которой приводит систему в состояние с относительным минимумом свободной энергии. С другой стороны, метастабильным состоянием считается фазовое состояние, которое является термодинамически устойчивым относительно образования из него других фаз [1], а стекло, согласно [5,6], определяется как аморфное тело, получаемое путем переохлаждения вязкого расплава. Характерной особенностью аморфных конденсированных состояний является отсутствие определённой точки плавления. С повышением температуры идёт процесс размягчения, затем выше температуры стеклования (T_g) эти вещества переходят в жидкое состояние. В структурах жидкостей и аморфных тел присутствует ближний порядок в упаковке частиц, а аморфные тела можно рассматривать как очень вязкие жидкости, и чем выше температура, тем ниже вязкость аморфного вещества [5].

С физико-химической точки зрения стекло - неорганическое вещество, твердое тело; структурно-аморфное и изотропное. По агрегатному состоянию все виды стекол явдяются чрезвычайно вязкими переохлажденными жидкостями порядка 10^{13} пуаз, которые достигают стеклообразного состояния в процессе охлаждения со скоростью, достаточной для предотвращения кристаллизации расплавов. Температура получения стекла находится в диапазоне от 300 до 2500 °С и определяется компонентами расплавов (оксидами, халькогенидами, фосфатами и др.). Тем не менее, хотя в отличие от кристаллических твердых тел в стеклообразном состоянии отсутствует дальний порядок расположения атомов, стекло нельзя назвать и очень вязкой жидкостью, в которой присутствует только ближний порядок. Для стекол характерно наличие так называемого среднего порядка расположения атомов - на расстояниях, лишь немного превышащих межатомные [7]. Метастабильность стекла является следствием представлений о переохлаждении расплава при стеклообразовании, а устойчивость неравновесного состояния стекла при низких температурах объясняется недостаточностью энергии теплового движения для преодоления высоких потенциальных барьеров [8-11]. Совсем иной подход к стеклу был продемонстрирован в [12], где было высказано предположение, что стекло является стабильной формой существования твёрдых тел, а не метастабильной переохлаждённой жидкостью.

Тем не менее, при исследовании аморфных соединений, неминуемо приходится учитывать метастабильные состояния, определяемые в настоящее время как состояния неустойчивого равновесия физической макроскопической системы, в котором система может находиться длительное время [13,14]. Классические примеры - перегретая или переохлажденная жидкость и переохлажденный пар. Детальный анализ фазовых равновесий кристалл-жидкость для простых веществ в [15] показал причину необходимости обязательного введения метастабильного продолжение линий плавления. Включение в фазовую диаграмму метастабильных участков линий фазового равновесия жидкость-пар и кристалл-жидкость представляет не только теоретический, но и практический интерес. Так, включение участков метастабильных равновесий в фазовую диаграмму углерода позволило выбрать области поиска температуры и давления для превращения графита в алмаз [16].

1.2 Метастабильные состояния в однокомпонентных системах

Г. Тамман [5], описывая стеклообразное состояние как глубоко метастабильное состояние, приводил на P-T диаграмме кривую размягчения стекла. Используя метод геометрической термодинамики, который широко применяется для анализа стабильных равновесий, мы попытались показать последовательную связь между стабильными равновесиями, метастабильной кристаллизацией и стеклообразным состоянием, а также продемонстрировать возможность прогнозирования появления метастабильного и стеклообразного состояний на примере конкретных P-T (для однокомпонентных систем) и P-T-x (для двухкомпонентных систем) диаграмм состояния. Однако следует отметить, что в данном случае при исследовании кинетические параметры не использовались, то есть речь идёт о принципиальной возможности кристаллизации метастабильных фаз и стеклообразования, а основным критерием реальной возможности является эксперимент.

Для характеристики фазовых равновесий в однокомпонентных системах достаточно иметь P-T диаграмму. Метастабильная кристаллизация в однокомпонентных системах является следствием полиморфизма, то есть. способностью некоторых веществ существовать, при одном и том же химическом составе, в состояниях с различной кристаллической структурой. Каждая из таких термодинамичсских фаз (полиморфных модификаций) устойчива при определенной температуре и давлении. Полиморфизм является результатом того, что одни и те же атомы и молекулы могут образовывать в пространстве несколько устойчивых решеток. Поскольку любое малое искажение стабильной решетки связано с увеличением ее энергии, то существующие структурные состояния соответствуют энергетическим минимумам различной глубины. Сама перестройки кристаллической структуры при изменении внешних факторов равновесия, как считал В. Гольдшмидт, обусловлена не тем, что при этом изменяются межатомные или межионные расстояния, а тем, что происходят сильные изменения во взаимной поляризации структурных единиц, содержащихся в решетке, за счёт электростатических сил [17]. В простейшем случае, в момент критического состояния происходит изменение координационного числа, указывающего на коренные изменения в строении вещества.

В случае метастабильной кристаллизации исчезает одна из полиморфных модификаций кристаллической фазы, существующая на стабильной P-T диаграмме. Например, для случая существования только двух полиморфных модификаций возможны 4 типа диаграмм метастабильных состояний (Рис.1), условно называемых: **а** - типом серы, **б** - типом кислорода, **в** - типом селена, **г**-типом фосфора и бензофенона. На Рис.1 обозначения α и γ – кристаллические модификации, **L** – расплав, **V** – пар. Метастабильные состояния изображены штриховыми линиями, а их обозначения взяты в скобки.

а) Тип серы. Даний вид метастабильной кристаллизации был подробно был описан в [3]. Отметим только, что три метастабильных луча (α**V**), (α**L**) и (**LV**), образующие метастабильную нонвариантную точку **M**, имеют стабильные продолжения, а область метастабильно закристаллизованной **α**-фазы заключена между лучами (**αγ**), (**αV**) и (**αL**).

б) Тип кислорода. Стабильная нонвариантная точка **αγL** не образуется, и в результате этого **α**-фаза может плавиться только в метастабильном состоянии. Линия (**αL**) не имеет стабильного продолжения, а область метастабильного существования **α**-фазы заключена между **αγ**, (**αV**) и (**αL**).

в) Тип селена. Полиморфная модификация существует при высоких давлениях, то есть отсутствует стабильное равновесие **γV** и нонвариантная точка **αγV**. Сублимация **γ**-фазы реализуется только в метастабильной диаграмме (луч (**γV**)). Область метастабильной кристаллизации **γ**-фазы заключена между лучами (**γV**), (**γL**) и **αγ**.

г) Тип фосфора и бензофенона. В этом случае **γ**-модификация существует только в метастабильном состоянии. Следовательно, лучи (**γV**) и (**γL**), ограничивающие область её метастабильной кристаллизации, не имеют стабильных продолжений.

Общим для всех четырёх случаев является то, что метастабильную фазу можно получить в кристаллическом виде исходя из метастабильного состояния (**LV**), которое образуется при переохлаждении жидкости, находящейся в равновесии с насыщенным паром ниже температры тройной точки **γLV** (в случаях **a, б** или тройной точки **αLV** (в случаях **в, г**). Метастабильную фазу можно реализовать, также, при снижении давления пара над жидкостью, ниже значений давления в тройных точках, то есть из равновесия **LV**.

Отличия в описанных случаях заключаются в том, что если в случае **a** метастабильные лучи имеют стабильные продолжения, то в случаях **б** и **в** возникают метастабильные состояния (**αL**) и (**γV**), независимо от стабильной диаграммы. В случае **г** возникает самостоятельная метастабильная область кристаллической фазы **γ**. Общепринято связывать случаи **a** и **б** с расплывчатым состоянием энантиотропии (одним из двух существующих видов полиморфизма), которое характеризуется обратимыми переходами фаз из одной в другую при определенной температуре и давлении. Случай **г** связывают с состоянием монотропии, которое предполагает возможность перехода из нестабильной полиморфной модификации в стабильную, с невозможностью обратного перехода [18]. При этом используется формальный геометрический подход к метастабильным лучам моновариатных равновесий [3], что в случаях **б, в** и **г** приводит к принципиальным ошибкам в построении (отмечены крестиком).

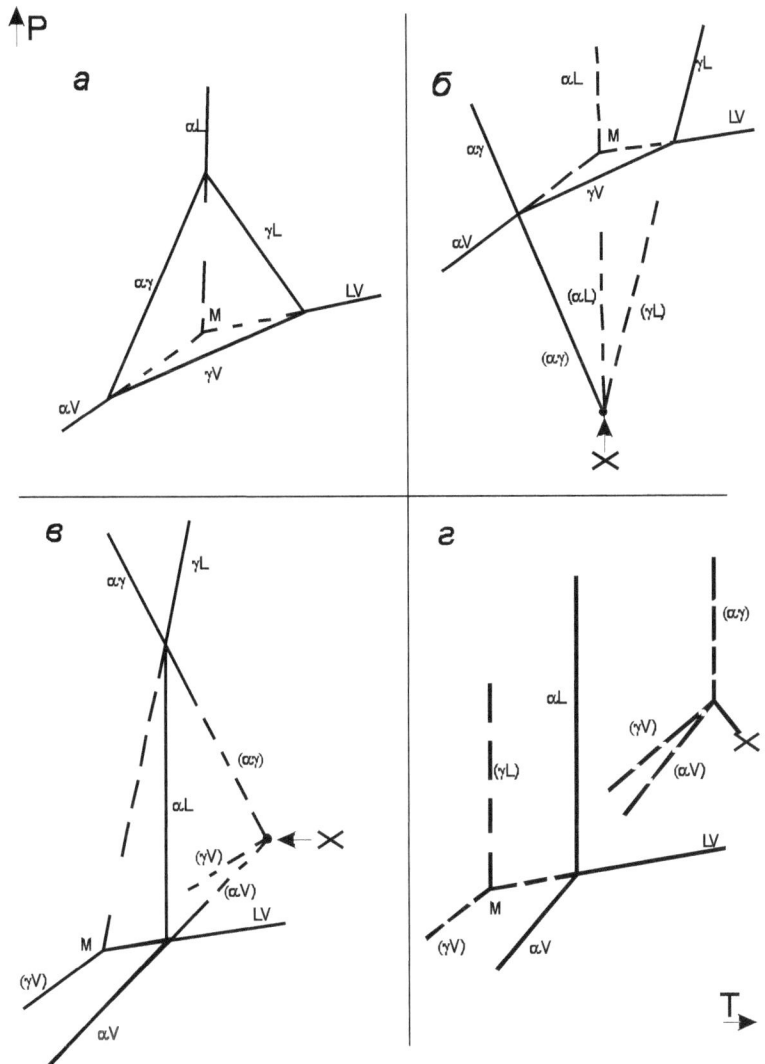

Рис.1 Типы метастабильной кристаллзации

Так, в случае **б** не может образовываться нонвариантное метастабильное состояние **(αγV)** при пересечении лучей **(αγ)**, **(αL)** и **(γV)**, так как угол между лучами ($\alpha\gamma$) и (γV), выходящими из образовавшейся точки, больше 180°, что противоречит правилу Скрейнемакерса [2], согласно которому в окрестности точки пересечения двух изотерм-изобар обе изотермы расположены либо внутри угла конъюгации, либо вне его, либо одновременно касаются его сторон [19]. В однокомпонентной системе невозможно, нагревая жидкость в изобарических условиях получить кристалл, так как область жидкости заключена между (αL) и (γL), а область твёрдой фазы расположена между лучами ($\alpha\gamma$) и (γL). В случае **в** не может реализовываться нонвариантная метастабильная точка ($\alpha\gamma V$). Кроме несоответствия принципам построения лучей из нонвариантных точек, это противоречит эксперименту, так как нельзя нагревая пар (область между лучами (γV) и (αV)) получить кристалл (область между (αV) и ($\alpha\gamma$)). В случае **г** физического смысла не имеет продолжение линий (γV) и (αV) до их пересечения. Из точки пересечения ($\alpha\gamma V$) должен выходить метастабильный луч ($\alpha\gamma$), и получается что, как и в случае **в**, при нагревании пара в изобарических условиях конденсируется кристалл. Можно сделать вывод, что в системах **а, б, в** и **г** может образовываться только одна метастабильная тройная точка **М**, связанная с метастабильной кристаллизацией. Кристаллизацию метастабильной фазы следует отличать от неравновесной кристаллизации переохлаждённой жидкости в равновесный кристалл, так как этот процесс может наблюдаться, если жидкость не достигла метастабильной нонвариантной точки **М** и находиться в состоянии (LV). С помощью феномена метастабильной кристаллизации можно объяснить существование алмаза при комнатной температуре. В данном случае реализуется случай **в** метастабильной кристаллизации.

При анализе однокомпонентных систем становится понятным, что элементарные стёкла легко образуют вещества, обладающие ярко выраженным полиморфизмом: сера, селен, фосфор, мышьяк, т.е. те же, которые склонны к кристаллизации по метастабильному пути. Причём, как следует из имеющихся экспериментальных данных [6], процесс стеклообразования начинается при переохлаждении расплава ниже температур кристаллизации метастабильных фаз. Характерным примером в этом смысле является фосфор. Стеклообразный фосфор получается при нагревании метастабильного белого фосфора, находящегося под высоким давлением.

Состояние жидкость - пар в однокомпонентной системе моновариантное, причём оно может быть стабильным или метастабильным. Любому расплаву, сосуществующему с паром, отвечает одна и та же линия на P-T плоскости. На этой линии находятся все тройные точки, отвечающие состоянию кристалл - расплав – пар, независимо от принадлежности кристалла к стабильной или метастабильной фазе. Линия не бесконечна, так как при высоких температурах она ограничивается критической точкой, в которой свойства расплава и пара неразличимы, а при низких температурах – точкой стеклования, в которой близки свойства твёрдой фазы и расплава.

В простейшем случае (Рис.2а) линия жидкость–пар содержит две тройные точки **SLV** и **S_mLV**, которые делят её на три участка: расплав–пар **LV** (сплошная линия), переохлаждённый расплав–пар (**LV**) (штриховая линия) и вязкий переохлаждённый расплав–пар (**LV**)*. При определённых кинетических условиях наблюдается следующая картина: в процессе охлаждения равновесный расплав не кристаллизуется как кристалл **S**, а переохлаждается ниже тройной точки **SLV**. Переохлаждённая жидкость (**L**), минуя кристаллизацию метастабильной фазы **S_m** (точка (**S_mLV**)), переходит в качественно новое состояние - жидкое стекло (**L**)*. Луч (**LV**), проходя через метастабильную нонвариантную точку (**S_mLV**), становится лучём (**LV**)*, который отвечает состоянию жидкое стекло–пар и, пересекаясь с линией размягчения стекла **GL***, создаёт тройную точку **GL*V** (Рис.2а), из которой исходит линия отвечающая состоянию стекло-пар. Очевидно, что точка **GL*V** – условная, это некоторое пятно в P-T области, так как нельзя говорить о какой-то устойчивости давлении пара над стеклом. Кроме того, температура T_g есть некоторая средняя температура в интервале размягчения стекла при данном давлении, зависящая от скорости закалки. Тем не менее, можно говорить о последовательной связи: стабильное – метастабильное – стеклообразное состояние и об необходимости наличия двух этапов при охлаждении расплава до образования стекла: переохлаждённого расплава без изменения свойств и переохлаждённого расплава с изменением свойств.

Рассмотрим принципиальную возможность прогнозирования стеклообразования для конкретного вещества, исходя из его P-T диаграммы. С этой точки зрения интересно проанализировать квазиоднокомпонентную P-T диаграмму стеклообразного оксида SiO_2. Для этого предварительно рассмотрим, внося некоторые коррективы, P-T диаграмму соединения GeO_2

(Рис.2б) [7], которая является модельной для системы SiO_2. Ограничимся тремя полиморфными модификациями GeO_2: α- кварцеподобной, β- кварцеподобной и рутилоподобной **S**. В этой системе кроме метастабильной кристаллизации по типу 1б (Рис.1) существует твердофазный метастабильный переход β-α, причём α-фаза существует только в метастабильном состоянии. При переохлаждении жидкости ниже температуры метастабильной кристаллизации фазы **S** (то есть при продолжении луча (**LV**) за нонвариантную точку (**SLV**)) наблюдается резкое увеличение вязкости жидкости от нескольких пуаз до $\sim 10^{13}$ пуаз (600 $\overset{\circ}{C}$) [7], что является критерием возможности затвердевания жидкости в виде стекла [6].

Рассмотрим, внеся коррективы, P-T диаграмму SiO_2 по Феннеру [7] (Рис. 2в). Согласно этой диаграмме SiO_2 образует четыре стабильные модификации: β-кварц, α-кварц, α-тримидит $S_\alpha^{тр}$, α-кристобалит $S_\alpha^{кр}$. Фазы высокого давления не рассматриваются. Следует отметить, что α-тримидит, аналогично β-кварцеподобному GeO_2, способен к твердофазному метастабильному переходу α-β и далее к β-γ (Рис.2б). $(S_\alpha^{тр}V)$ пересекается с $(S_\alpha^{тр}S_\beta^{тр})$ и $(S_\beta^{тр}V)$, образуя нонвариантную метастабильную точку $(S_\alpha^{тр}S_\beta^{тр}V)$, далее $(S_\beta^{тр}V)$ пересекается с $(S_\gamma^{тр}S_\beta^{тр})$ и $(S_\gamma^{тр}V)$, образуя метастабильную нонвариантную точку $(S_\gamma^{тр}S_\beta^{тр}V)$. Также модификация α-кристобалит образует метастабильную β-модификацию подобно β-кварцеподобному GeO_2, но образует её минуя метастабильный твердофазный переход α-кварц - α-кристобалит. Луч $(S_\alpha^{кб}V)'$, выходящий из метастабильной нонвариантной точки $(\alpha S_\alpha^{кб}V)$ в сторону снижения температуры, помечен штрихом, по причине того, что он является метастабильным по отношению к лучу $(S_\alpha^{кб}V)$, то есть метастабильность состояния $(S_\alpha^{кб}V)'$ более глубокая, чем состояния $(S_\alpha^{кб}V)$. Луч $(S_\alpha^{кб}V)'$, пересекаясь с лучами $(S_\alpha^{кб}S_\beta^{кб})'$ и $(S_\alpha^{кб}V)'$, образует метастабильную точку $(S_\alpha^{кб}S_\beta^{кб}V)'$. Из жидкого кремнезема кроме кристаллизации α-кристобалита по стабильной диаграмме метастабильно кристаллизуется α-тримидит и α-кварц. Подтверждением этого факта является то, что перегретый кварц и тримидит могут непосредственно переходить в жидкое состояние [7]. На P-T диаграмме (Рис.2б) это соответствует тому, что метастабильный луч переохлаждённой жидкости (**LV**) пересекается с метастабильным лучом перегретого α-тримидита $(S_\alpha^{тр}V)$ и лучом метастабильного плавления α-тримидита $(S_\alpha^{тр}L)$, образуя

12

метастабильную нонариантную точку ($S_\alpha{}^{тр}LV$). Если жидкость переохлаждается ниже этой точки и не происходит метастабильная кристаллизация α-тримидита, то луч (LV) становится лучом (LV)' и, пересекаясь с лучом перегретого α-кварца (αV)' образует метастабильную нонвариантную точку (αLV)'. Луч (αV)' возникает при прохождении луча (αV) через точку ($\alpha S_\alpha{}^{кб}V$).

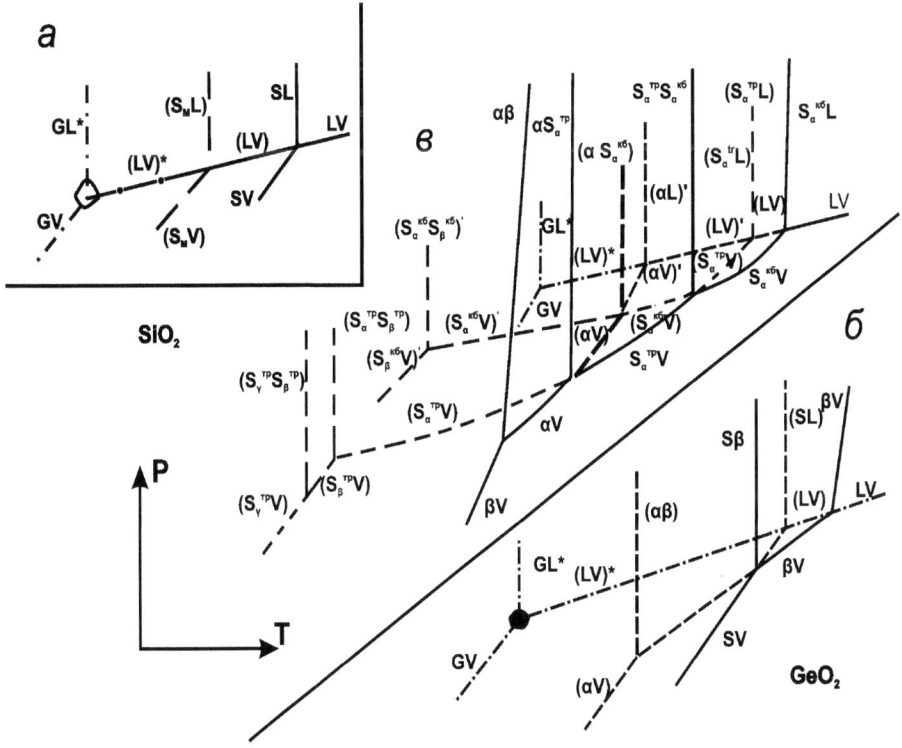

Рис.2 Сравнительный анализ P-T диаграмм GeO_2 (б) и SiO_2 по Феннеру (в)

Из метастабильного расплава, отвечающего лучу (αLV)', кристаллизуется по метастабильной диаграмме α-кварц. Точка (αLV)' отвечает более глубокому метастабильному состоянию, чем нонвариантные состояния $(\alpha S_{\alpha}^{\text{кб}}V)$ и $(S_{\alpha}^{\text{тр}}LV)$. При переохлаждении жидкого кремнезёма ниже $(\alpha LV)'$ начинает увеличиваться его вязкость и состояние $(LV)^*$ приводит к образованию кремнезёмного стекла. Кремнезёмный расплав, прежде чем стать стеклом, последовательно учавствует в состояниях: $LV - (LV) - (LV)' - (LV)^*$, что позволяет сделать вывод о том, что переход из равновесного состояния в стеклообразное обязательно осуществляется через метастабильное состояние, а поскольку метастабильность – следствие полиморфизма или образования соединений, то основной причиной стеклообразования можно считать эти же явления.

1.3 Метастабильные состояния в двухкомпонентных системах

Для описания фазовых состояний в двухкомпонентных системах необходимо введение третьей координаты – состава x. Геометрическим образом фазы в P-T-x пространстве является непрерывный объём, двухфазного состояния – гетерогенный объём, заключённый между двумя гомогенными объёмами фаз образующих это состояние; трёхфазного моновариантного состояния – три линии (каждая соответствует одной из фаз), принадлежащие единой плоскости, причём проекцией этой поверхности на P-T плоскость является линия. P-T-x диаграммы широко используются для описания стабильных гетерогенных равновесий, однако в P-T-x пространстве можно изобразить и метастабильные состояния. Более того, исходя из конкретной стабильной диаграммы, можно вывести метастабильные диаграммы системы [20] и описать процесс стеклообразования в координатах P-T-x. Использование только T-x стабильных диаграмм, без знания P-T диаграмм, приводит к формальному геометрическому подходу в прогнозировании метастабильной кристаллизации (стабильные линии ликвидуса экстраполируются за нонвариатные горизонтали до пересечений, а точка пересечения принадлежит нонвариантной метастабильной горизонтали) и к эмпирическим правилам поиска областей стеклования.

В данной работе схематически разобраны некоторые варианты P-T-x диаграмм бинарных систем. На P-T проекциях (Рис. 3-8) сплошными линиями представлены моновариантные двухфазные равновесия чистых компонентов A и B и моновариантные трёхфазные линии гетерогенных равновесий в системе; точками - нонвариантные равновесия чистых компонентов и нонвариантные четырёхфазные равновесия. На Т-х проекциях моновариантным равновесиям соответствуют три линии (для упрощения не приводятся линии пара и линии солидуса возле А и В). Линии ликвидуса, для равновесий с участием только конденсированных фаз, на рисунках представляют собой тонкие линии, а нонвариантным точкам отвечают горизонтали, связывающие составы четырёх фах. Так как линии пара отсутствуют, то эвтектические горизонтали связывают только составы конденсированных фаз. Пунктиром обозначены моновариантные и нонвариантные метастабильные состояния, а штрих-пунктиром обозначены вероятные области стеклообразования.

Гетерогенному объёму **LV** на Р-Т проекции (Рис.3) отвечает область между **LV** линиями чистых компонентов и трёхфазными линиями $S_\alpha LV$ и $S_\gamma LV$. Каждому расплаву А-В на Р-Т проекции соответствует своя линия **LV** (тонкие линии). Если линия **LV** при снижении температуры пересекает трёхфазные линии стабильных равновесий без кристаллизации S_α и S_γ, то дивариантная линия становится метастабильной. В общем случае метастабильное состояние жидкость-пар неравновесно переходит в стабильное состояние кристалл-пар. При условии, что в системе реализуется метастабильная диаграмма, возможна метастабильная кристаллизация (например, S_α на метастабильной ветви $(S_\alpha LV)$). Далее, если расплав минует метастабильную кристаллизацию, то **(LV)** переходит в качественно новое состояние **(LV)*** и при некоторых параметрах Р и Т данный расплав состава х начинает стекловаться. Поле стабильного расплава на Т-х проекции (Рис.3) ограничено снизу толстыми сплошными линиями **L**, описывающими изменение состава расплава в зависимости от температуры для трёхфазных равновесий с участием пара. Поле метастабильного расплава заключено между стабильной линией ликвидуса равновесия $S_\gamma LV$ (сплошная линия **L** над горизонталью $\alpha\gamma LV$) и линией ликвидуса метастабильного состояния $(S_\alpha LV)$ (штриховая линия – продолжение линии **L** расположенной над горизонталью $\alpha\gamma LV$). Каждый расплав имеет свою температуру стеклования, поэтому в бинарной системе мы получаем квазитрёхфазную линию **GL*V** Следствием этого является то, что линия стеклования на Т-х проекции наклонена к оси состава. Будем считать, что масса расплава существенно больше массы пара над ним, тогда состав расплава, последовательно участвующего в равновесиях **LV** - **(LV)** - **(LV)***, будет отвечать исходному брутто-составу **А-В**, а стекло будет охватывать концентрационный интервал линии метастабильного ликвидуса (Рис.3). Тут представлен случай, когда компоненты **А** и **В** образуют непрерывные растворы во всех агрегатных состояниях, и **A** обладает полиморфизмом типа серы (Рис.1а). В этом случае область стеклования простирается от **A** до состава жидкости **L** в нонвариантном равновесии $S_\alpha S_\gamma LV$.

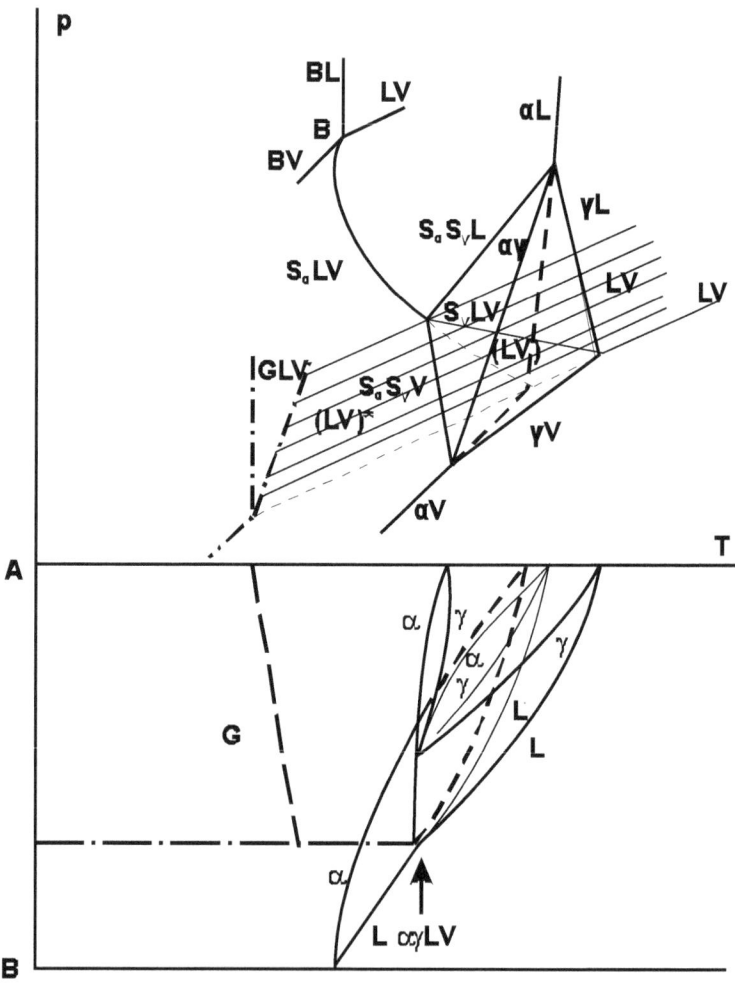

Рис. 3. P-T-x диаграмма бинарной системы. Компоненты **A** и **B** образуют непрерывные растворы во всех агрегатных состояниях

На Рис. 4 и 5 представлены случаи ограниченной взаимной растворимости компонент **A** и **B** в кристаллическом состоянии, при этом **A** обладает полиморфизмом типа серы. В первом случае (Рис. 4) компонент **B** участвует в стабильных равновесиях только с модификацией **α**. В этом случае область стеклообразования простирается от **A** до состава **L** в равновесии **αLBV**. В другом случае (Рис.5) компонент **B** участвует в стабильных равновесиях с модификациями **α** и **γ**. Область стеклообразования простирается от **A** до состава **L** в равновесии **γLBV**.

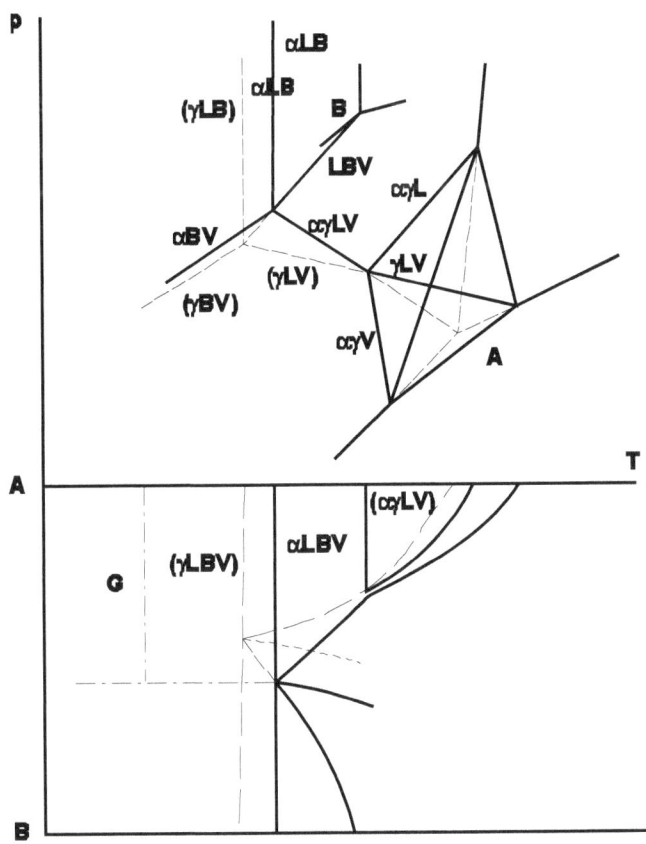

Рис.4 P-T-x диаграмма бинарной системы с ограниченной взаимной растворимостью компонент **A** и **B** в кристаллическом состоянии при участии **B** в стабильных равновесиях с модификацией **α**

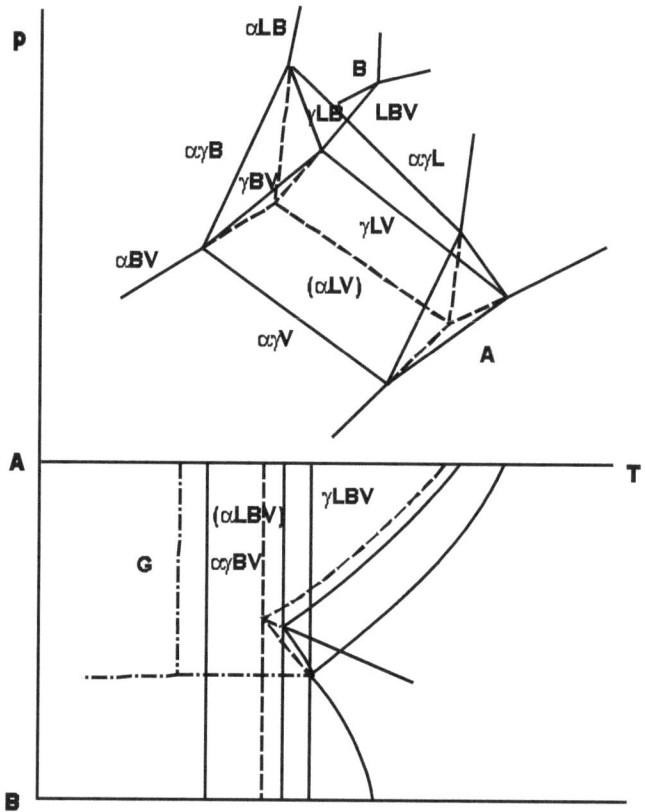

Рис.5 Р-Т-х диаграмма бинарной системы с ограниченной взаимной растворимостью компонент **A** и **B** в кристаллическом состоянии и участием **B** в стабильных равновесиях с модификациями **α** и **γ**

Пусть в системе **A** и **B** образуется соединение **C**, а компоненты не образуют стекло и не имеют полиморфных модификаций (Рис. 6-8). Важно отметить, что если соединение **C** конгруэнтно сублимирует и конгруэнтно плавится, то систему **A-B** можно разделить на подсистемы **A-C** и **C-B**. Если соединение **C** сублимирует инконгруэнтно, но плавится конгруэнтно (Рис. 6), то в системе вместо стабильной кристаллизации **C**, при достижении дивариантными равновесиями **LV** моновариантной линии **CLV** (или **LCV**), могут кристаллизоваться метастабильные **A** и **B** на линиях (**LBV**) и (**ALV**). Область стеклования простирается от состава жидкости **L** в нонвариантном равновесии **ALCV**, до состава **L** - в равновесии **CLBV**.

18

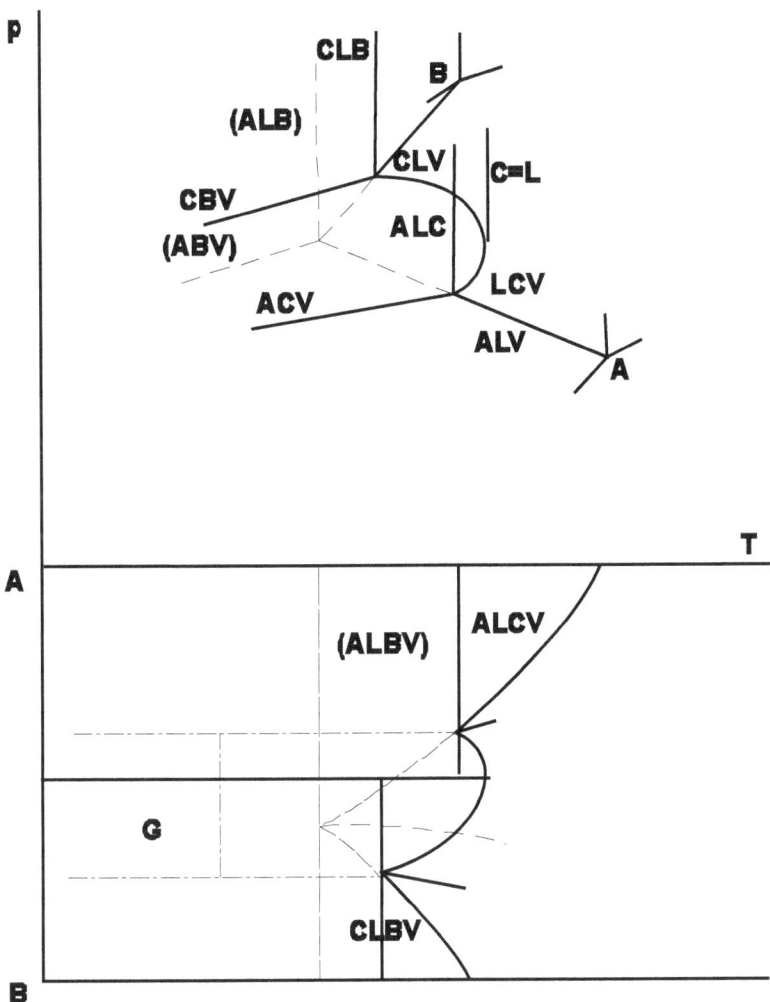

Рис.6 Р-Т-х диаграмма бинарной системы. Соединение **C** плавится конгруэнтно, но сублимирует инконгруэнтно

В случае, если соединение **C** плавится инконгруэнтно, а компоненты **A** и **B** кристаллизируются по метастабильной диаграмме (Рис.7), область стеклования простирается от состава жидкости **L** в нонвариантном равновесии **ALCV,** до состава **L** в нонвариантном равновесии **CLBV**.

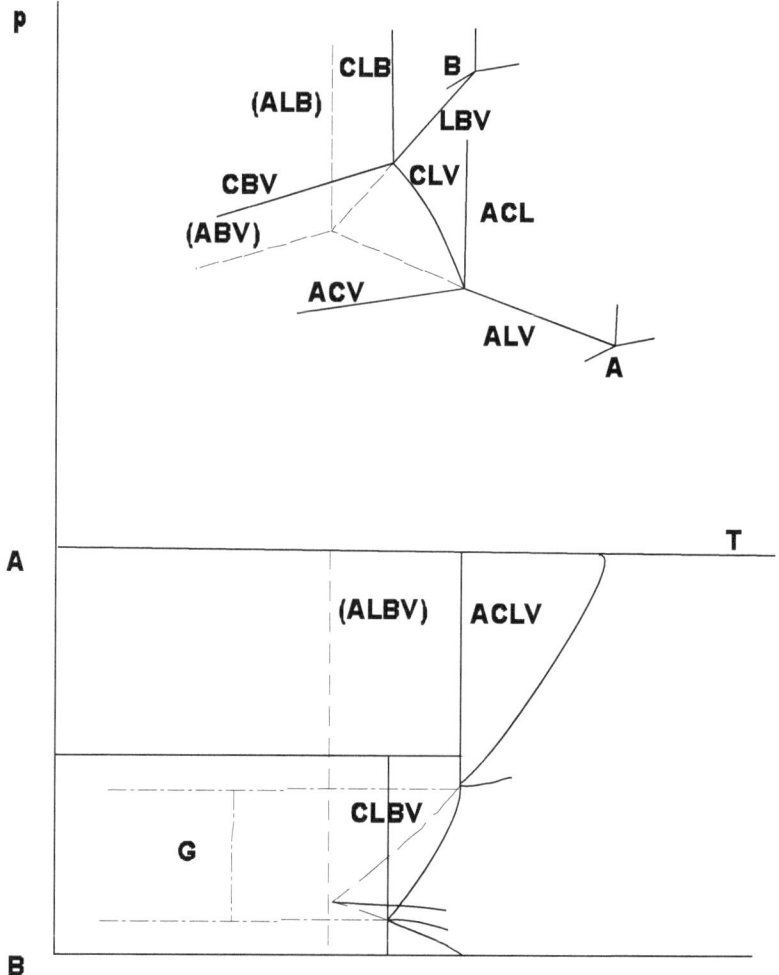

Рис.7 P-T-x диаграмма бинарной системы. Соединение **C** плавится инконгруэнтно, а фазы **A** и **B** кристаллизируются по метастабильной диаграмме

На Рис. 8 представлен случай, когда соединение **C** находится в стабильном состоянии только в равновесии с конденсированными фазами (фаза высокого давления), но может сосуществовать с паром в метастабильном состоянии. Вместо **A** или **B** из **LV** метастабильно кристаллизуется фаза **C** (линия (**CLV**)). На Т-х проекции область стеклообразования размещена между составами жидкости в равновесиях (**CLBV**) и (**ACLV**), но обязательно захватывает состав жидкости **L** в равновесии **ALBV** (как принято говорить - состав эвтектики).

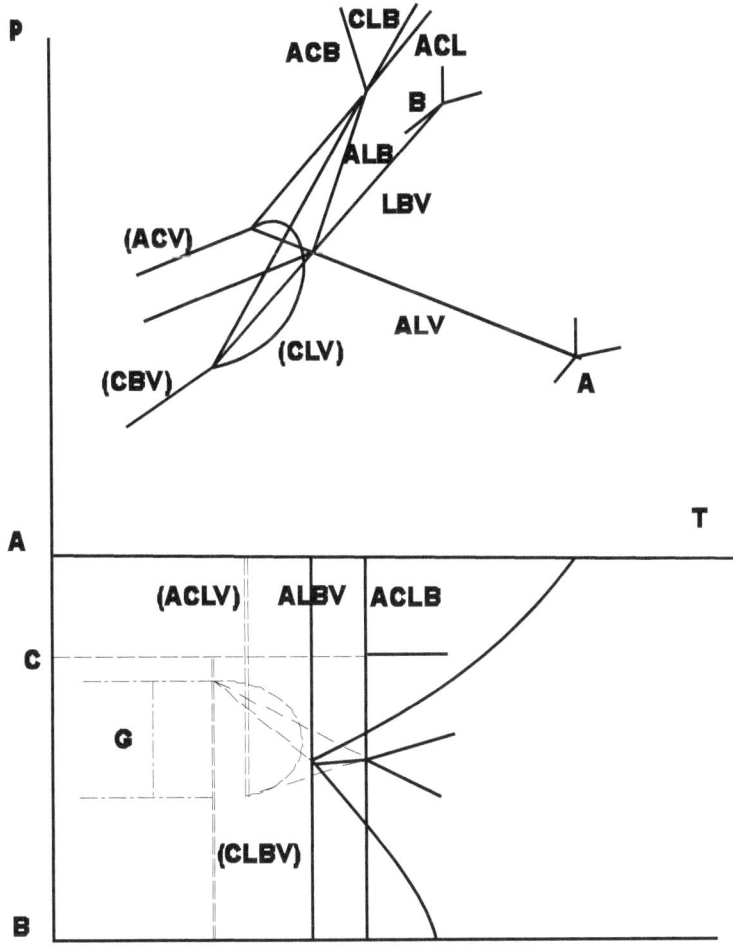

Рис.8 Р-Т-х диаграмма бинарной системы. Соединение **C** находится в стабильном состоянии только в равновесии с конденсированными фазами, но может сосуществовать с паром в метастабильном состоянии.

Учитывая, что только в единичных бинарных системах при высоких давлениях не образуются соединения, для анализа можно использовать эмпирическое правило Роусона. Так, в системах, близких к идеальной модели с нестеклообразующими компонентами, экспериментально были определены области стеклообразования, которые оказались близкими к модельным (например Т-х диаграммы и области стеклования в системах CaO-Al$_2$O$_3$, SO$_3$-H$_2$O, H$_2$O$_2$-H$_2$O [8]). Если к кристаллизации по метастабильной диаграмме системы добавляется метастабильная кристализация одного из компонентов, то можно ожидать расширения интервала стеклообразования до этого компонента. При кристализациии по метастабильной диаграмме обоих компонентов можно ожидать стеклообразование во всей области составов **А-В**.

Авторы [20] из стабильной P-T-x фазовой диаграммы для конкретной системе Cd-As вывели возможные варианты метастабильной кристаллизации. В данной системе стабильно кристаллизуются соединения Cd$_3$As$_2$, CdAs, Cd$_3$As$_2$. При анализе стабильной P-T-x фазовой диаграммы методом геометрической термодинамики выяснилось, что кроме давно известной для указанной системы возможности метастабильной кристаллизации Cd$_3$As$_2$ и As, может реализовываться метастабильная кристаллизация фазы высокого давления CdAs и кристаллизация только метастабильной фазы CdAs$_4$, которая не принимает участия в стабильных равновесиях.

Во всех трех вариантах метастабильной кристализации не происходит стабильная кристаллизация фазы CdAs$_2$. Процесс стеклообразования должен начинаться при переохлаждении жидкости ниже температуры самого глубокого метастабильного нонвариатного состояния с участием жидкости. В системе Cd-As этим равновесием является (S$_{Cd3As2}$LS$_{As}$V). Показательны в данном смысле результаты, полученные в работе [21], из которых видно, что при резкой закалке расплавов, близких по составу к CdAs$_2$, образуется кристаллический CdAs$_2$ (кристаллизация идет по стабильной диаграмме), а при медленном охлаждении расплава ниже температур стабильной кристаллизации до температур метастабильной кристаллизации, с последующим быстрым охлаждением до комнатной температуры, образуется стекло (то есть сначала систему медленно ведут по метастабильной диаграмме, а потом не дают метастабильно закристаллизоваться). Кристаллизация стекла состава CdAs$_2$ при низких температурах сопровождается разложением на компоненты Cd_3As_2 и As, т.е. процесс перехода из стеклообразного состояния в стабильное равновесие проходит через метастабильное состояние. При низких температурах, когда большое значение имеют кинетические факторы, переход из одного состояния в другое проходит в течение некоторого, измеряемого часами, промежутка времени, и таким образом можно наблюдать одновременное сосуществование всех трех состояний.

В экспериментах по определению давления пара над равновесными поликристаллическими образцами состава, близкого к $CdAs_2$, в ряде случаев существовала возможность измерять давление пара над расплавами при медленном охлаждении. Давление пара для переохлажденной жидкости до температуры метастабильнои нонвариантнои точки $(S_{Cd3As2}LS_{As}V)$ имело устойчивые к непрерывному охлаждению значения, и экспериментально полученная метастабильная линия (LV) была продолжением стабильной линии LV. Ниже температуры точки $(S_{Cd3As2}LS_{As}V)$ давление пара не имело устойчивых значений и колебалось в широких пределах. Явление это не исчезало и при длительном отжиге, и некоторое время сохранялось даже при нагреве образцов до температур, близких к температуре плавления $CdAs_2$. Очевидно, это явление напрямую связано с процессом стеклообразования в системе Cd-As. Состав стекол, полученных в [21], отвечал модельному.

Таким образом, на конкретных примерах была показана связь между метастабильной кристаллизациией и стеклообразованием. Установлено, что переход от равновесного состояния в стеклообразное проходит через метастабильное состояние. Показано, что метастабильная кристаллизация и стеклообразование является следствием полиморфизма или образованием соединений (в бинарных системах).

Проиллюстрирована возможность, с использованием метода геометрической термодинамики, прогнозирования метастабильной кристаллизации и стеклообразования в системах, исходя из их стабильных P-T-х диаграмм фазовых равновесий, поскольку имея стабильную P-T диаграмму (в случае однокомпонентной системы) или стабильную P-T-х диаграмму (в случае двухкомпонентной системы), можно говорить о принципиальной возможности метастабильной кристаллизации в системах, однако в любом случае главным критерием реальной возможности является эксперимент. В случае, если в системе наблюдается метастабильная кристаллизация, то есть существует реализация метастабильной диаграммы, то в этой системе при определенных кинетических условиях можно получить стекло. С другой стороны, если в системе отсутствует метастабильная кристаллизация, то и стекло получить невозможно.

Результаты исследований о взаимосвязи процессов метастабильной кристаллизации и стеклообразования позволили решать чисто прикладные задачи и применить их для стеклообразующих систем, образующих азеотропы.

1.4 Стеклообразование в системах, образующих азеотропы

Метод графического изображения фазовых состояний, основанный на применении правила Гиббса [1] мы впервые применили для аморфных материалов с целью описания взаимодействий, происходящих в системах, образующих азеотропы. Необходимость данных теоретических исследований была вызвана практической задачей, возникающей при синтезе кварцевых гелей на стадии сушки, с целью получения бездефектных и прозрачных уникальных наноструктурных материалов – кварцевых аэрогелей.

Если исследованиям процессов перехода из переохлажденного жидкого в стеклообразное аморфное состояние посвящено масса научных работ, то данные о возможности стеклообразования в бинарных системах, образующих азеотропы, в литературе практически отсутствуют. Авторы [22, 23] исследовали явления стеклообразования и азеотропии в системах с неорганическими и органическими азеотропами. Экспериментальным путём было показано принципиальное отличие стеклообразования в системах с неорганическими и органическими водосодержащими азеотропами. В отличие от неорганических азеотропов, в органических азеотропах составы образующихся стёкол и азеотропов не всегда совпадают по составу, более того оба явления не всегда присутствуют в одной и той же системе. В первом случае имеет место стеклообразование, при котором состав азеотропа попадает в область стеклования. Было показано, что гетероазеотропные системы не склонны к стеклообразованию [22], и предложено рассматривать неорганические и органические водосодержащие азеотропные системы как единый класс стеклообразующих систем на основе водородных связей.

Полученные сведения помогли в прикладном аспекте, при выборе подходящих азеотропных смесей в процессе получения аэрогелей на основе аморфного диоксида кремния. В целом азеотропная система представляет собой смесь двух или более жидкостей, которая кипит при постоянной температуре и не изменяет свой состав при перегонке [24]. Вначале азеотропные смеси рассматривались как химические соединения, но в работах Д. Коновалова была доказана ошибочность такого взгляда. Что касается классификации азеотропов, то разделение на гомогенные и гетерогенные азеотропы связано с тем, что в последнем случае компоненты азеотропной смеси смешиваются не полностью и на диаграмме состояния существует область несмешиваемости. Если же азеотропный состав находится вне область несмешиваемости или компоненты смеси полностью смешиваются, то речь идёт об гомогенном азеотропе. Помимо этого, существуют азеотропные смеси, у которых кипение происходит ниже температуры кипения низкокипящей компоненты (положительные азеотропы), и азеотропные смеси, кипящие при температуре выше температуры кипения высококипящей компоненты. (отрицательные азеотропы). Азеотропы могут образовываться в случае, когда смесь отклоняется от закона Рауля, то есть компоненты раствора отличаюся между собой физическими и химическими свойствами, а их образование может сопровождаться изменением объёма и выделением либо поглощением теплоты [25].

В литературе описано около 10 000 систем с азеотропными смесями, поэтому построение фазовых диаграмм для систем с азеотропизмом, а также сведения о критических состояниях таких смесей, используемых в промышленном производстве, чрезвычайно важны. Это вызвано тем, что в исходных материалах для смесей, их промежуточных или конечных продуктах часто могут быть системы с азеотропами. Поскольку промышленное производство зачастую предполагает использование высоких температур и давлений, т.е. вблизи критических параметров и в закритичной области [26], то актуальность таких исследований очевидна. Что каеается определения критической точки, то оно также известно как критическое состояние, возникающее при определённых условиях (таких как конкретные значения температуры, давления или состава), в котором не существует границы раздела фаз, Существует несколько типов критических точек, в том числе жидкость-жидкость и жидкость- пар.

РАЗДЕЛ 2. ОСНОВЫ ПОЛУЧЕНИЯ И ИССЛЕДОВАНИЕ СВОЙСТВ КВАРЦЕВОГО АЭРОГЕЛЯ

2.1 Синтез, свойства и применение кварцевого аэрогеля

С момента изобретения и по сей день широкое применение уникальных материалов - аэрогелей, а особенно относительно недорогого материала - аэрогеля на основе аморфного диоксида кремния, так называемого кварцевого аэрогеля, сдерживается сложным и дорогостоящим процессом его получении. Существует множество научно-исследовательских работ, касающихся получения и свойств данного аэрогеля. Тем не менее, в научном мире ведётся постоянный поиск новых способов синтеза, свойств и применения аэрогелей на основе диоксида кремния, и в этом аспекте данная работа не является исключением. Большое внимание уделяется усовершенствованию технологии сушки аэрогеля с целью сделать производство этих материалов более коммерческим.

Чтобы понять причину повышенного нтереса к данному типу материалов, необходимо разобраться в природе аэрогелей. В целом, эти материалы представляют собой твердые соединения, полученные из коллоидного раствора. Каркасы данных веществ образуются в жидкой среде, и могут состоять из самых разнообразных материалов, включая частицы, полимеры и белки. На сегодняшний момент получают четыре основных типа гелей.

Каркас гидрогелей содержит нерастворимые в воде полимерные цепочки, и примерно 99% воды. Это сверхабсорбирующий, и в то же время очень гибкий материал. Общими ингредиентами для гидрогелей являются поливиниловые спирты, акрилатные полимеры и сополимеры с большим количеством гидрофильных групп [27]. Ещё один тип геля - органогель - некристаллический, нестекловидный термообратимый твердый материал, состоящий из жидкой органической фазы, которая удерживается структурированным каркасом. По сути это самообразующаяся система структурированных молекул. Органическим растворителем обычно бывает минеральное или растительнос масло [28]. Ксерогель представляет собой твердый материал, изготовленный из геля путем сушки с естественной усадкой. Ксерогели обычно обладают высокой пористостью (до 25%), огромной площадью поверхности (до 900 м^2/г) и очень малым размером пор (1-10 нм) [29]. Термообработка ксерогеля при повышенной температуре приводит к вязкому спеканию и эффективному преобразованию пористого материала в плотное стекло. Главная особенность процесса получения ксерогеля в сверхкритических условиях состоит в том, что каркас материала при этом не дает усадки, и в результате получается материал, называемый аэрогелем. Фактически, при замещении в процессе синтеза жидкости газом можно получать аэрогели - материалы с исключительными свойствами. По сути эти субстанции получаются путём извлечения воды из геля, и дальнейшей замены её газом, таким как диоксид углерода или просто воздух. Таким образом, аэрогель представляет собой твердотельный материал низкой плотности, который обладает рядом замечательных свойств.

Аэрогель впервые был создан американским химиком Стивеном Кистлером в 1931 году [30], но только в последние годы стал широко исследоваться и использоваться. Если первые аэрогели были изготовлены из силикагелей, то дальнейшие работы Кистлера были связаны с получением аэрогелей на основе оксидов алюминия, хрома и окиси олова. В 1993 году были синтезированы так называемые карбоновые аэрогели, затем материалы на основе серы, селена, платины и т.д. [31]. Но, следует особо отметить, что процесс получения всех типов аэрогелей трудоёмкий и затратный по времени.

Не удивительно, что большое внимание уделяется и оптимизации получения наименее дорогостоящего среди аэрогелей - кварцевого или аэрогеля на основе аморфного диоксида кремния. Этот материал, был много раз внесён в Книгу рекордов Гиннесса, в связи с его удивительными свойствами, такими как низкая плотность ($0.003–0.35$ г/см^3), высокая удельная площадь поверхности (900-1600 м^2/г), высокая пористость (80-99.8%) при среднем диаметре пор ~ 20-50 нм, низкий коэффициент преломления ($1.0–1.08$), низкая диэлектрическая константа (е ~1.1) [32-34] и т.д. В связи с такими исключительными свойствами данные материалы нашли широкое применение в различных областях современных технологий в качестве тепловых и акустических изоляторов, наполнителей, носителей пигментов, в детекторах Черенкова, и т.п. Такие фундаментальные свойства кварцевого аэрогеля как чрезвычайно низкая теплопроводность даного материала (~$0,005$ Вт/м·К) в нормальных условиях и высокая температура плавления (1200 °С) послужили толчком для их промышленного использования в качестве теплоудерживающих и теплоизолирующих материалов. Кроме этого, если на обычное стекло методом резкого стеклования наносится кварцевый аэрогель, то полученная фактура имеет множество достоинств с точки зрения энергосбережения и может использоваться для верхнего освещения, изоляций стен, ванных комнат, в качестве рефрижераторов, в солнечных элементах, в брандмауэрах, в качестве пигментных носите лей и т.д. Однако, как уже упоминалось, золь-гель синтез аэрогелей усложняется сушкой этих материалов. Целью данных исследований была разработка новых способов получения прозрачного, бездефектного кварцевого аэрогеля методом атмосферной сушки. Для достижения цели планировалось использование в процессе синтеза различных типов поровых сорбентов и разработка дальнейшего применения полученных материалов в качестве покрытий для различных фактур.

Золь-гель синтез кварцевого аэрогеля можно разделить на три основных этапа. Но первом этапе очень важным моментом является выбор исходных материалов. Как правило, это высокой степени чистоты алкоксиды кремния или силикат калия, недостатком которого является чрезвычайно сложная очистка. Золь получают в результате добавления катализатора к раствору исходного продукта. На втором этапе, после двухступенчатого кислотно-щелочного катализа, происходит желатизация пли так называемый процесс старения геля. Гель выдерживается в исходном растворе. Процесс старения усиливает гель, и это делается для того, чтобы свести к минимуму усадку на третьем этапе получения конечного продукта - сушке. Из полученного материала удаляется поровая жидкость, а для предотвращения крекинга гелевых структур сушка производится в определённых условиях.

Бринкер и Шерер [35] показали, что причиной усадки геля в процессе сушки является капиллярное давление P_c, описываемоё формулой

$$P_c = \frac{-\gamma_{IV}}{(r_p - \delta)},$$

где γ_{IV} - поверхностное натяжение поровой жидкости, δ - толщина поверхности адсорбированного слоя, r_p - радиус поры, который может быть представлен как ($2r_p = 2V_p / S_p$); тут V_p и S_p - объём и площадь поверхности поры, соответственно. Необходимо отметить, что величины V_p и S_p являются критическими параметрами. Существующий внутри пор градиент капиллярного давления приводит к механическим повреждениям, так как его величина во время сушки может достигать 100-200 МПа. Малый размер пор может вызвать крекинг в процессе сушке из-за возникновения огромных капиллярных сил [36].

К настоящему времени используют три различных способа сушки аэрогелей: сверхкритическая сушка (SCD), сублимационная (FD) и атмосферная сушка (APD). Самой используемой, но в тоже время и самой дорогостоящей, является сверхкритическая сушка, которая протекает в диапазоне температур и давлений выше критической точки жидкости, в которой жидкая и газовая фазы становятся неразличимыми. Например, для часто используемого в качестве поровой жидкости этанола давление и температура критической точки составляют 6,4 МПа и 243.1 °C, соответственно [34]. Существуют два различных метода сверхкритической сушки: высокотемпературная (HTSCD) и низкотемпературная (LTSCD). Из двух упомянутых методов HTSCD был первым, и до сих пор широко используется в частности для сушки аэрогеля на основе аморфного диоксида кремния. Важно отметить, что из-за очень высоких температур сверхкритическая сушка приводит к реструктуризации каркаса геля, так как на поверхности идёт процесс деэстерификаци, что делает данный материал гидрофобным и стабильным при воздействию на него атмосферной влаги [37]. Перед сушкой методом LTSCD [38], растворитель, присутствующий в геле, заменяется поровой жидкостью, критическая точка которой близка к нормальной температуре. Как правило это жидкий CO_2. Однако аэрогель, полученный данным способом, является гидрофильным.

Метод FD также имеет много недостатков, но основная проблема связана с тем, что каркас геля может разрушаться из-за кристаллизации растворителя в порах [39]. Несмотря на различия между HTSCD и LTSCD методами сушки, оба эти метода являются дорогостоящими по причине использования высоких давлений. С этим связана основная причина повышенного интереса к использованию атмосферной сушки (APD). Данный метод синтеза имеет большие перспективы из-за возможности снижения затрат при промышленном производстве кварцевого аэрогеля и, следовательно, дальнейшего его широкого внедрения.

2.2 Взаимодействие азеотропа LV с равновесием SLV и критической кривой L = V

Тем не менее, следует отметить, что самым надежным способом сушки до недавнего времени оставался HTSCD, а это, как уже упоминалось, предполагает работу в закритической области, т.е. с флюидом. Для чистых жидкостей величины давления в критических точках составляют десятки атмосфер, а работа с автоклавами дорога и небезопасна. Попытка значительного число экспериментаторов попасть в закритическую область при атмосферном давлении оказалась возможной при использовании азеотропов, т.е. двойных, тройных и четверных нераздельнокипящих гидкостей, Однако, до сих пор всё основывалось на эмпирическом переборе азеотропов, На самом деле, если разобраться в физико-химических аспектах данного явления, то возможен целенаправленный поиск, позволяющий избежать попыток, заранее обреченных на провал.

Таким образом, первоочередной задачей данных исследований было прогнозирование способов получения аэрогелей в суперкритической области при атмосферном давлении с использованием метода фазовых диаграмм.

Следуюшей целью являлось практическое использование полученных данных для получения аэрогелей способом атмосферной сушки. Ранее упоминалось, что метод фазовых диаграмм, является графическим сособом изображения условий равновесия для термодинамически различимых фаз, и основан на использовании правила фаз Гиббса [1]. Основные же принципы графического изображения были предложены Ван-дер-Ваальсом [40]. Затем этот метод был усовершенствован в работах Риччи [3], и на данный момент представляет собой очень мощный інструмент. В частности, он вполне подходит для прогнозирования состояний системы, образующей азеотропы, в различных условиях.

С накоплением экспериментального материала стало понятно, что прогноз может основывать не только на критических точках жидкость - пар отдельных компонентов, но также и на тройных точках компонентов, в которых три фазы (твердое вещество, жидкость и пар) сосуществуют в состоянии термодинамического равновесия. В большинстве случаев явление азеотропии [26] рассматривается только в рамках равновесия **LV** жидкость - пар, и его характерной особенностью является существование экстремумов на T-х изобарах кипения или P-х изотермах испарения. Взаимодействие между азеотропом и равновесием **SL** твердое вещество-жидкость для бинарных органических систем исследовались в [41]. Фактически, были получены лишь частичные сведения, а для построения полных термодинамических моделей требуются достоверные сведения о характере всех фазовых равновесий. Экспериментально была определена растворимость газа в жидкой фазе вдоль линии равновесия **SLV** твердое тело – жидкость - пар для некоторых бинарных систем, и эти данные были изображены как P-T и T-х проекции линии равновесия **SLV** [42].

Однако, если переходить от частного случаю к целому, в рамках P-T-х фазовой диаграммы состояния для бинарных систем (где P - давление, T - температура, x - независимая координата состава), то линия соприкосновения поверхностей жидкости и пара отвечает азеотропу **LV** (точнее $x_L=x_V$). Эта линия не обязана быть прямой, более того она является отрезком, ограниченным с одной стороны поверхностью **SLV** моновариантного равновесия кристалл – жидкость - пар, а с другой стороны, в простейшем случае, этот отрезок ограничивается кривой **L = V**, соединяющей критические точки чистых компонентов.

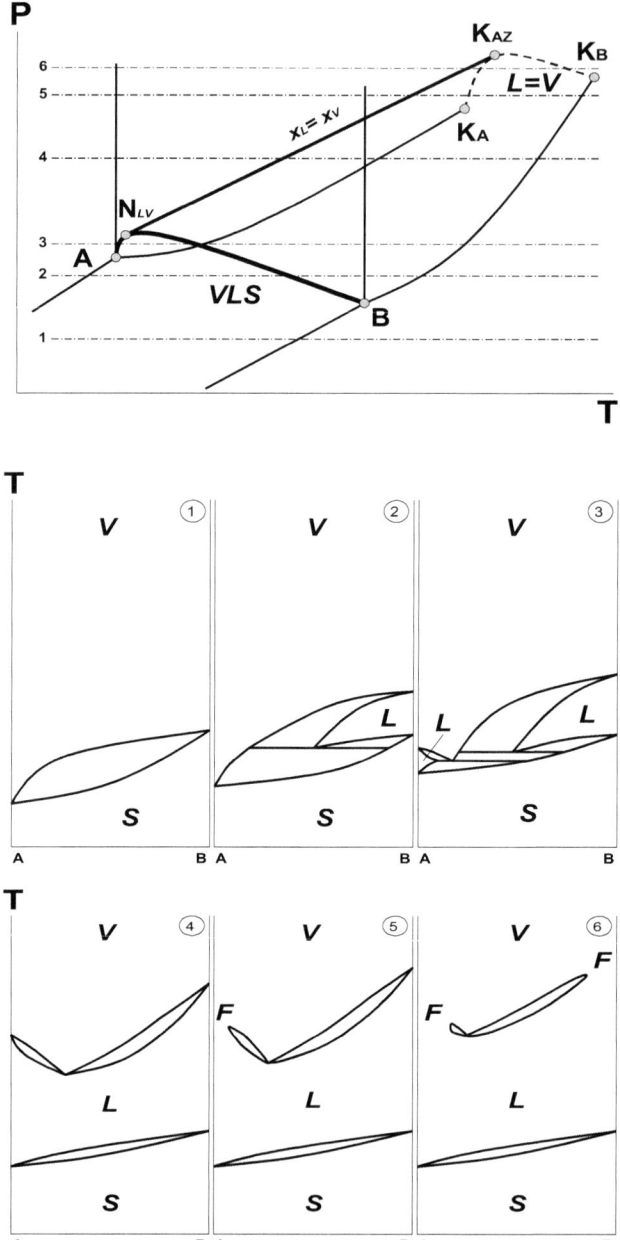

Рис.9 Р-Т проекция Р-Т-*x* диаграммы системы **А-В** с неограниченной растворимостью компонент во всех фазовых состояниях и образованием положительного азеотропа; соответствующие Т-х изобары (1-6)

Наиболее наглядной считается Р-Т- проекция фазовой Р-Т-х диаграммы. Если отсутствует расслоение жидкости и не наблюдается равновесие с участием кристаллической фазы и флюида, то азеотроп $x_L=x_V$ заключён между линиями **VLS (SLV)** и **L = V** (Рис.9). Естественно, что присутствие азеотропа влияет на форму линий **VLS (SLV)** и **L = V**. С другой стороны, наличие экстремумов на этих линиях является необходимым, но недостаточным условием существования азеотропа. Зададим постоянные Р,Т- координаты для тройных и критических точек компонент **А** и **В**, и рассмотрим взаимосвязь азеотропа $x_L=x_V$ с моновариантой линией **SL** и критической кривой **L=V**. При анализе различных вариантов для удобства мы будем использовать Р-Т – проекции и ключевые Т-х-изобарные сечения. Поскольку при рассмотрении гетерогенных равновесий важен порядок фаз, условимся, что он будет определяться увеличением содержания компонента **В**.

I. В системе **А-В** образуется положительный азеотроп и компоненты неограниченно взаимно растворимы во всех фазовых состояниях.

На Р-Т проекции (Рис. 9) для чистых компонентов отмечены тройные точки компонент **А** и **В**, а также их критические точки $\mathbf{K_A}$ и $\mathbf{K_B}$. Специально было выбрано расположение критических точек, при котором они значительно разнесены по температуре, а не по давлению, что с большей вероятностью приводит к возникновению экстремумов по давлению, а не по температуре [40]. Линии $\mathbf{AK_A}$ и $\mathbf{BK_B}$ отвечают испарению жидкостей на основе чистых компонентов. Линии, выходящие из точек **А** и **В** вертикально вверх, в сторону высоких температур, представляют плавление, а уходящие в сторону низких температур - сублимацию кристаллов на основе чистых компонентов. Кривая **АВ** - единственная моновариантная линия двухкомпонентной системы и состоит из двух частей: части $\mathbf{AN}_{LV}$, с порядком фаз **LVS**, и части $\mathbf{BN}_{LV}$, с порядком фаз **VLS**. В условно - нонвариантной точке $\mathbf{N}_{LV}$, находящейся вблизи максимума давления моновариантной кривой P_{max}, составы жидкости и пара тождественны, и из нее берет начало линия азеотропа $\mathbf{x_L=x_V}$, которая заканчивается в критической точке $\mathbf{K_{AZ}}$, расположенной вблизи максимума давления на критической кривой $\mathbf{K_A K_B}$.

Штрих-пунктирными линиями на Р-Т проекции (Рис.9) отмечены изобары, а соответствующие им Т-х изобарные сечения приведены на Рис.9,1-6. Рассмотрим 6 ключевых изобар.

1. При $P_1 < P_B$ наблюдается только сублимация непрерывного твердого раствора **S**, при этом пар **V** обогащен компонентом **B**.

2. При постоянных давлениях из интервала $P_B < P_2 < P_A$ твердый раствор начинает плавиться. На Т-х сечении появляется область жидкости **L**, богатая компонентом **B** и возникает нода трехфазного равновесия **VLS**.

3. В интервале $P_A < P_3 < P_{NLV}$, благодаря плавлению твердого раствора на основе компонента **A**, образуется вторая локализованная область жидкости и появляется еще одна нода - **LVS**.

4. Наконец, при $P_{NLV} < P_4 < P_{KA}$ появляются характерные для положительных азеотропов Т-х изобары с минимумом давления в равновесии **LV**.

5. При дальнейшем повышении давления, в интервале $P_{KA} < P_5 < P_{KB}$, вначале образуется флюид **F**, для составов, богатых компонентом **A**.

6. Затем, при достижении интервала $P_{KB} < P_6 < P_{KAZ}$, флюид **F** образуется для составов, обогащенных компонентом **B**.

Далее, с ростом давления, области флюидов расширяются, и вначале при P_{KAZ} исчезает минимум, а затем при P_{max} для $\mathbf{K_A K_B}$ исчезает равновесие **LV**, и область флюида становится непрерывной.

Как показано, при использовании положительных азеотропов, попасть во флюидную область можно только при давлениях, выше давлений в критических точек составляющих компонентов.

II. В системе **A-B** образуется положительный азеотроп и компоненты ограниченно взаимно растворимы в кристаллическом состоянии.

На P-T проекции (Рис.10) для чистых компонентов сохраняются тройные точки и критические точки, и, соответственно, линии испарения и плавления, а также линии для чистых компонентов и критическая кривая $\mathbf{K_A K_B}$. Вместо одной моновариантной линии двухкомпонентной системы возникают 4 моновариантные линии: $\mathbf{S_A LV}$, $\mathbf{VLS_B}$, $\mathbf{S_A VS_B}$ и $\mathbf{S_A LS_B}$. Взаимная растворимость в кристаллическом состоянии незначительна, поэтому давление пара в равновесии $\mathbf{S_A VS_B}$ представляет собой аддитивное сложение давлений пара для чистых компонентов. Нонвариантное равновесие в точке **N** ($\mathbf{S_A VLS_B}$) имеет эвтектический характер, а линия азеотропа $x_L = x_V$ берет начало в нонварантной точке $\mathbf{N}_{LV}$ на линии **AN**. В точке $\mathbf{N}_{LV}$ вблизи максимума давления происходит изменение порядка фаз : $\mathbf{S_A LV} \Leftrightarrow \mathit{S_A VL}$.

Как и в предыдущем случае, штрих-пунктирными линиями на P-T проекции (Рис.10) отмечены изобары, и соответствующие им Т-х изобарные сечения (Рис.10, 1-6). Рассмотрим подробнее Т-х изобарные сечения.

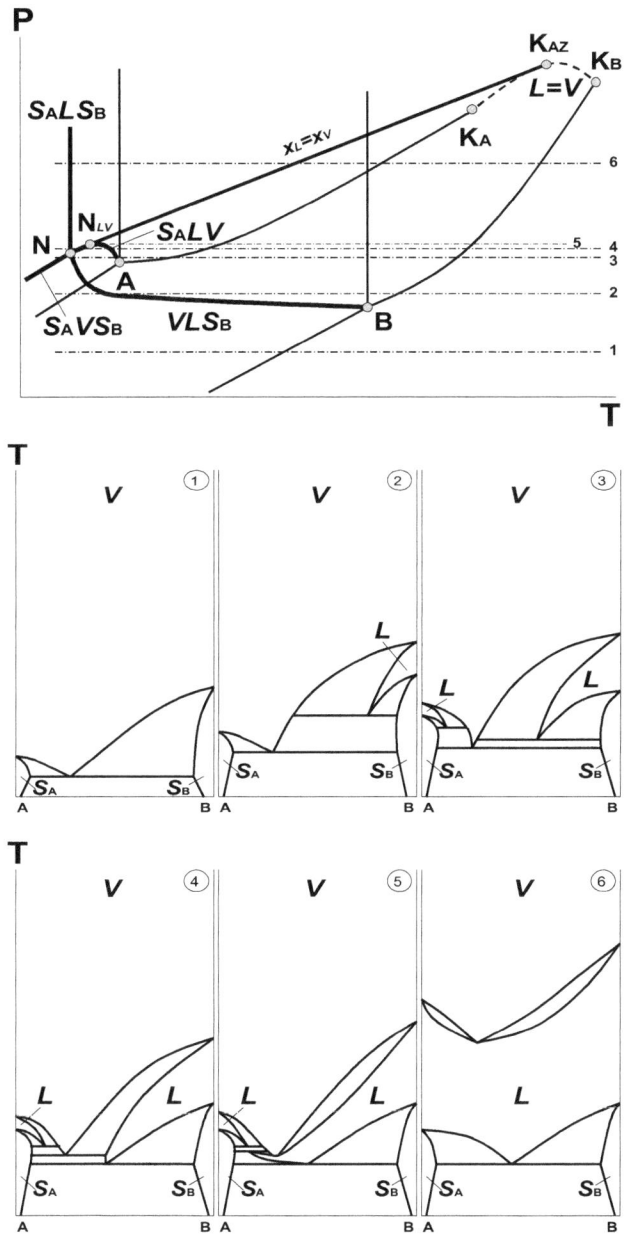

Рис.10. P-T проекция P-T-x диаграммы системы **A-B**, в которой компоненты ограниченно взаимно растворимы в кристаллическом состоянии и образуется положительный азеотроп; T-x изобары системы **A-B** (1-6)

1. При $P_1 < P_B$ наблюдается только сублимация ограниченных твердых растворов S_A и S_B. Существует единственная нода $S_A V S_B$.

2. При постоянных давлениях из интервала $P_B < P_2 < P_A$ начинает плавиться твердый раствор на основе компонента **B**, а на Т-х сечении, соответственно, появляется область жидкости **L**, богатая компонентом **B,** и возникает еще одна нода трехфазного равновесия VLS_B.

3. В интервале $P_A < P_3 < P_N$, благодаря плавлению твердого раствора на основе компонента **A**, образуется вторая локализованная область жидкости и появляется третья нода - $S_A LV$.

4. Наконец, при $P_N < P_4 < P_{NLV}$ исчезают равновесия $S_A V S_B$ и VLS_B и, благодаря наличию азеотропа $x_L = x_V$, появляются равновесия $S_A L S_B$ и $S_A VL$.

5. В очень узком интервале давлений существует интересная Т-х изобара. При дальнейшем повышении давления, в интервале $P_{NLV} < P_5 < P_{max}$ реализуются две ноды с одним и тем же порядком фаз $S_A LV$ и появляется минимум давления в дивариантном равновесии **LV**.

6. В интервале давлений $P_{NLV} < P_6 < P_{KA}$ Т-х изобара приобретает характерный для положительных азеотропов вид с минимумом давления в равновесии. В отличие от сечения 6 на Рис. 9, расплав находится в равновесии не с непрерывным твердым раствором, а с двумя ограниченными твердыми растворами на основе компонентов **A** и **B**.

Далее, с ростом давления, области флюидов расширяются, и вначале при P_{KAZ} исчезает минимум, а затем при P_{max} для $K_A K_B$ вообще исчезает равновесие **LV**, и область флюида **F** становится непрерывной. С дальнейшим ростом давлений образуется флюид **F** для составов, богатых компонентом **A**, затем для составов богатых **B**, и в конечном итоге, область флюида становится непрерывной.

III. В системе **A-B** образуется отрицательный азеотроп и компоненты неограниченно взаимно растворимы во всех фазовых состояниях.

Существование отрицательного азеотропа, в этом случае, связано с наличием на моновариантной кривой **AB** минимума давления P_{min} [43]. На Р-Т проекции (Рис.11) приведен более сложный вариант, когда на линии **AB** присутствуют P_{min} и T_{max}. Моновариантная линия состоит из трех частей: AN_{LV} с порядком фаз **VLS**, $N_{LV} N_{SV}$ с порядком фаз **LVS**, и части BN_{SV} с порядком фаз **LSV**. В условно-нонвариантной точке N_{LV} тождественны составы жидкости и пара, и из нее берет начало линия азеотропа $x_L = x_V$, а в условно- нонвариантной

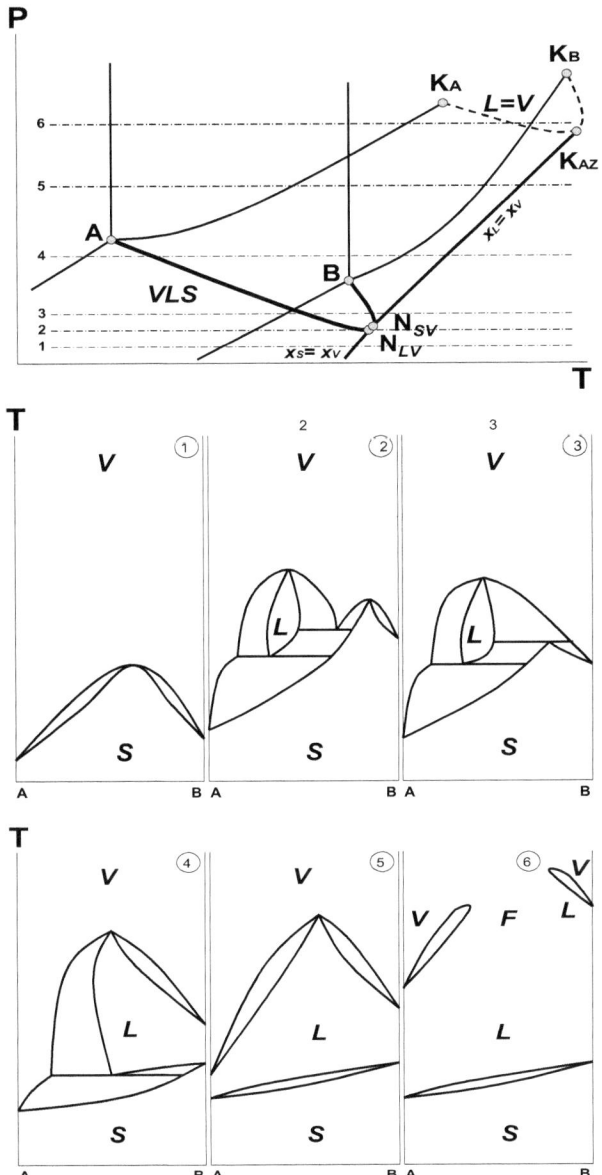

Рис.11 Р-Т проекция Р-Т-х диаграммы системы **А-В** с неограниченной растворимостью компонент во всех фазовых состояниях и образованием отрицательного азеотропа и Т-х изобары системы **А-В** (1-6)

нонвариантной точке N_{SV} - тождественны составы кристалла и пара, и из нее берет начало линия конгруэнтной сублимации кристалла $x_S=x_V$, уходящая в сторону низких давлений. Условие обязательной конгруэнтной сублимации бинарных кристаллов объясняет статистическое преобладание положительных азеотропов, для которых это условие отсутствует, над отрицательными азеотропами.

Ключевые T-x изобары приведены на Рис.11 (1-6).

1. В отсутствие жидкости, при $P_1<P_{NLV}$ наблюдается только конгруэнтная сублимация непрерывного твердого раствора **S**.

2. При постоянных давлениях из интервала $P_{NLV}<P_2<P_{NSV}$ появляется локализованная область жидкости **L**, способная конгруэнтно испаряться. Одновременно существуют два азеотропна и наряду с конгруэнтной сублимацией твердого раствора происходит конгруэнтное испарение жидкости, более богатой компонентом **A**. Возникают ноды трехфазных равновесий **VLS** и **LVS**.

3. В интервале $P_{NSV}<P_3<P_B$ твердый раствор прекращает конгруэнтную сублимацию, а на T-x сечении для высокотемпературной ноды изменяется порядок фаз на **LSV**.

4. Превышено давление тройной точки **B** $(P_B<P_4<P_A)$ и область **L** распространяется до компонента **B**.

5. При $P_{NLV}<P_5<P_{KAZ}$ появляются характерные для отрицательных азеотропов T-x изобары с минимумом давления в равновесии **LV**.

6. $(T-x)_6$ изобара $(P_{KAZ}<P_6<P_{KA})$ представляет наибольший интерес, так как флюид **F** образуется в широком интервале концентраций, при давлениях ниже давлений критических точек чистых компонентов.

При дальнейшем повышении давления, $P_{KA}<P<P_{KB}$, вначале, флюид **F** распространяется до компонента **A**, а затем, при достижении интервала $P>P_{KB}$, область флюида становится непрерывной.

Как видно, с помощью отрицательных азеотропов, можно попасть в закритическую область при давлениях, существующих ниже критических точек чистых компонентов. Отдельный интерес представляют системы, в которых наблюдается ограниченная взаимная растворимость в кристаллическом состоянии и системы, в которых образуются соединения. Если проводить аналогию с неорганическими системами, то, в случае образования соединения, можно ожидать значительного снижения давления при испарении азеотропа жидкость-пар, по сравнению с испарением жидких компонентов.

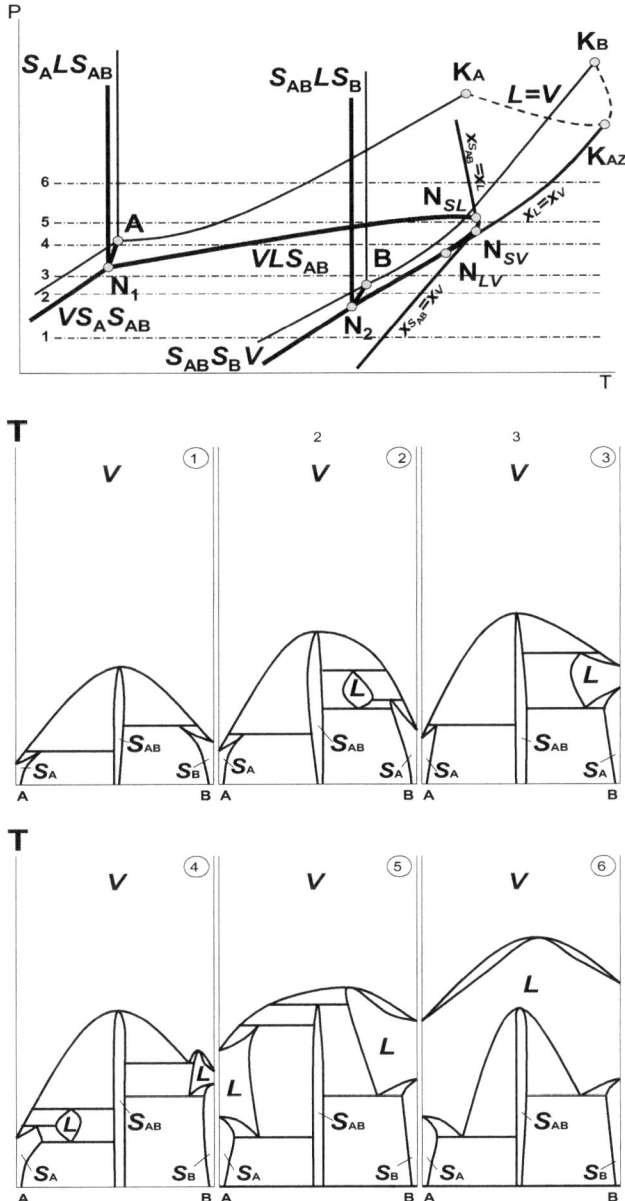

Рис.12 Р-Т проекция Р-Т-х диаграммы системы **А-В**, в которой образуется отрицательный азеотроп и кристаллическая фаза на основе соединения **АВ**, которая конгруэнтно сублимирует и плавиться; соответствующие Т-х изобары системы **А-В** (1-6)

IV. В системе **А-В** образуется отрицательный азеотроп и кристаллическая фаза на основе соединения **АВ**, которая конгруэнтно сублимирует и плавиться.

На Р-Т – проекции (Рис.12) кроме тройных и критических точек чистых компонентов, присутствуют нонвариантные точки эвтектических равновесий N_1 (VS_ALS_{AB}) и N_2 ($S_{AB}LS_BV$), а также условно- нонвариантные точки N_{LV}, N_{SV} и N_{SL}. Соответственно, появляются моновариантные линии: совместной сублимации двух кристаллических фаз VS_AS_{AB} и $S_{AB}S_BV$ (уходят в сторону низких давлений из N_1 и N_2), совместного плавления S_ALS_{AB} и $S_{AB}LS_B$ (вертикали, распространяющиеся в сторону высоких давлений из N_1 и N_2), а также три линии кристалл – жидкость - пар (VS_AL), N_1N_2 (VLS_{AB}) и BN_2 (LS_BV). Особый интерес представляет моноварианта N_1N_2, на которой происходит изменение порядка фаз: $VLS_{AB} \Leftrightarrow VS_{AB}L \Leftrightarrow S_{AB}VL \Leftrightarrow S_{AB}LV$ в точках N_{SL}, N_{SV} и N_{LV}, из которых исходят линии азеотропов $x_{SAB} = x_L$, $x_{SAB} = x_V$ и $x_L = x_V$.

Взаимная растворимость компонентов **А** и **В** в кристаллическом состоянии незначительна. Рассмотрим Т-х изобарные сечения (Рис.12, 1-6).

1. При $P_1 < P_{N2}$ наблюдается инконгруэнтная сублимация ограниченных твердых растворов S_A и S_B, а также конгруэнтная сублимация бинарной кристаллической фазы S_{AB}. Существует две ноды VS_AS_{AB} и $S_{AB}S_BV$.

2. При постоянных давлениях из интервала $P_{N2} < P_2 < P_B$ начинает плавиться твердый раствор богатый компонентом **В**. На Т-х сечении появляется область жидкости **L** и вместо ноды $S_{AB}S_BV$ возникают ноды $S_{AB}LS_B$, LS_BV и $S_{AB}LV$.

3. В интервале $P_B < P_3 < P_{N1}$, область жидкости распространяется до компонента **В** и исчезает нода LS_BV.

4. При $P_{NLV} < P_4 < P_{NSV}$, жидкость, богатая компонентом **В**, начинает конгруэнтно испаряться, а благодаря тому, что превышено давление P_{N1}, появляется расплав богатый компонентом **А**.

5. Интересная Т-х изобара существует в узком интервале давлений $P_{NSV} < P_5 < P_{NSL}$. Бинарная кристаллическая фаза плавится инконгруэнтно, жидкость, богатая **В**, продолжает конгруэнтно испаряться, стремясь соединиться с жидкостью на основе компонента **А**.

6. При $P_6 > P_{NSL}$, Т-х изобара приобретает характерный вид для отрицательных азеотропов с минимумом давления. При низких температурах наблюдается конгруэнтное плавление бинарной фазы **АВ**. Далее с ростом давлений образуется флюид **F**, подобно тому, как это рассматривалось в предыдущем случае.

Таким образом, можно сделать вывод, что графический метод изображения фазовых диаграмм позволяет сэкономить большое количество времени и ресурсов за счет сокращения экспериментальных работ и позволяет делать термодинамические прогнозы даже для многокомпонентных систем. Было установлено, что прогноз может основываться не только на критических точках компонентов, в которых жидкость и пар становится неразделимыми, но и на тройных точках компонентов, в которых сосуществуют твёрдая фаза, жидкость и пар. Что касается синтеза кварцевого аэрогеля, то данные теоретические исследования о способе попадания в закритическую область при атмосферном давлении с помощью азеотропных смесей, используемых в качестве флюидов, былы на практике примененены нами для получения образцов аэрогеля этого типа.

2.3 Использование положительных азеотропов в процессе синтеза кварцевого аэрогеля

Ранее упоминалось, что для чистых жидкостей, диапазон давления для критических точек составляет несколько десятков атмосфер. Попытки некоторых исследователей для получения кварцевых аэрогелей методом атмосферной сушки использовать смеси различных жидкостей основывались на эмпирических предположениях. Так, Рао и соавторы [44] сообщали об использовании некоторых органических смесей, а именно, гексана и бензола (HB), гексана и толуола (HT), гексана и ксилола (HX), гептана и бензола (HPB), гептана и толуола (HPT) и т.д. Впервые же предложение применять азеотропные смеси в качестве поровой жидкости было высказано в [45] и основывалось, главным образом, на возможности связывать оставшуюся после синтеза воду внутри образцов кварцевых гелей. Авторы использовали азеотропные смеси из воды, n-бутанола и одного из насыщенных углеводородов (гексан, гептан, октан, нонан). Методом атмосферной сушки были получены прозрачные образцы аэрогеля на основе диоксида кремния различной формы и толщины с удельной площадью поверхности ~1000 м^2/г и плотностью в диапазоне 0.4-0.57 г/см^3. Тем не менее, стало понятно, что в этих материалах может сохраняться напряженность, и их можно сравнивать с хрупкими свежеприготовленными стеклами. Потому задача о поиске новых составов азеотропных смесей для получения кварцевого аэрогеля с целью удешевления и упрощения процесса его синтеза не утратила своей актуальности.

В наших исследованиях образцы аэрогеля на основе диоксида кремния готовили в три основные стадии, совершенствуя схему, предложенную в [46]. Свойства аэрогелей зависит от многих факторов и, соответственно, могут изменяться в широком диапазоне. Золь-гель технология получения аэрогелей обязательно включает в себя стадию гидролиза, первичную и вторичную реакции поликонденсации и деполимеризации. На все эти процессы сильно влияет выбор прекурсоров и кислоты, используемой в качестве катализатора, а также температура и время синтеза на каждой стадии [47].

Для кислотно-щелочного катализа нами использовались следующие исходные реагенты: 61,6 мл тетраэтилортосиликата (TEOS) (Junsei), 60 мл изопропанола (Junsei), 15,9 мл 0,1 М HCl и 7,9 мл 0,15 М водного раствора NH_4OH. Процесс гелеобразования занимал 20-30 мин. На этом этапе с помощью вискозиметра Brookfield DV-II выделялись фракции золя с вязкостью 18-25 сП. Золь (10-25 мл) и помещались в полипропиленовые цилиндры диаметром 3 см, затем цилиндры плотно закупоривались и выдерживались примерно 1ч при комнатной температуре. В закупоренных цилиндрах проходит так называемое старение геля, связанное с осаждением мономеров кремния в его каркасе, следовательно, с увеличением его прочности, которая в свою очередь способствует меньшей усадке продукта на стадии сушки. Далее свободное пространство в формах заполнялось n-бутанолом (Junsei), а сами формы помещались в муфельную печь при температуре 50 °C и находились там в течение ~ 24 ч. Затем полученные фракции перемещали в сосуды объёмом 100-120 мл, содержащие n-бутанол (или изопропанол), и оставляли в термостате при 50 °C на 24 ч. Модификация поверхности проводилась с использованием 5% объёмного раствора триметилхлорсилана (TMCS) (Alfa Aesar) в n-бутаноле (изопропаноле) при 50 °C в течение ~ 24 ч.

Следует отметить, что получение кварцевого аэрогеля методом атмосферной сушки включают в себя как процесс модификации его поверхности, так и процесс укрепление его каркаса [48, 49]. При этом желательно, чтобы угол контакта между поровой жидкостью и стенками пор был таким, чтобы максимально минимизировать капиллярные силы [35]. Это подразумевает химическую модификацию внутренней поверхности, так назывемое силилирование материала. Для этого водно-спиртовую смесь в порах геля перед модификацией заменяют жидкостью, не содержащую воду.

Схема синтеза кремениевых азрогелей
с использованием азеотропных смесей

TEOS (тетраэтилортосиликат) + **IPA** (изопропанол) + **HCl** + **NH₄OH**
(7,8 : 7,6 : 2,01 :1)
↓ Перемешивание

Контроль вязкости:
(Оптимальная вязкость 18-25 сП)
↓

Гелеобразование
(~ 30 мин. в IPA)
↓ 25 °C

Старение геля
(~ 24 ч в n-бутаноле)
↓ 50 °C

Замена поровой жидкости
(n-бутанол, 24 ч)
↓ 50 °C

 Модификация поверхности
(5% TMCS+ n-butanol, 24 ч)
↓ 50 °C

Промывка
 (n-бутанол, 24 ч)
↓ 50 °C

Замена поровой жидкости
1. смесь 3:1 (n-butanol – азеотроп), 24 ч
2. смесь 1:1 (n-butanol – азеотроп), 24 ч
3. азеотропная смесь, 24 ч
↓ 50 °C

Сушка
(атмосферное давление)
↓ Различная температура

Кварцевый аэрогель

В данном случае применялся либо n-бутанол, либо изопропанол. Добавление к кварцевому ксерогелю силилирующего материала, в частности триметилхлорсилана (TMCS), который реагирует с гидроксильными группами, приводит к уменьшению плотности OH-групп на поверхности SiO_2 геля. Тем самым предотвращается формирование химических связей $\equiv Si-O-Si \equiv$, которые могут инициировать крекинг полученного аэрогеля. Кроме этого замена H в группе Si-OH на гидростабильную группу Si-R предупреждает возможность адсорбции воды и, следовательно, приводит к получению гидрофобного кварцевого аэрогеля [50]. Процесс модификации сменялся трёхкратной промывкой полученного геля.

Состав раствора для промывки готовился три раза: вначале это была смесь 3: 1 n-бутанола (изопропанола) и соответствующего азеотропа, промывка шла в течение ~ 24 ч при 50 °C; затем смесь 1: 1 бутанола (изопропанола) и азеотропа при 50 °C в течение ~ 24 ч и, на конечном третьем этапе, раствор для промывки представлял собой чисто азеотропную смесь, а сам процесс длился ~ 24 ч при 50 °C. Для нескольких образцов после каждой замены промывочного раствора проводился количественный хроматографический анализ на наличие продуктов гидролиза, таких как TEOS, изопропанол и n-бутанол с целью оценки качества промывки геля и состава поровых флюидов.

Для сушки полученные образцы промытой субстанции помещали в стаканы объёмом 100-500 мл, содержащие до 10 мл соответствующей азеотропной смеси, с целью обеспечения насыщенной атмосферы во время сушки. Их закрывали крышками из алюминиевой фольги, имеющие небольшое отверстие и таким образом добивались низкой скорости испарения поровой жидкости.

Для получения положительных азеотропных смесей использовались химические компоненты: бензол (CICA), 2-бутанол, гексан (Daejung), метанол (Junsei), хлороформ (WAKO). Удельная поверхность всех образцов с точностью $\pm$ 10 м^2/г определялась методом BET (Брунауэра – Эмметта - Теллера) азотной абсорбции при 77,3 К с использованием ASAP 2010 анализатора, после дегазации образца при 200 °C в течение 2 ч. Термообработка полученных ксерогелей проводилась на воздухе с использованием электрической печи. Для исследований изменений свойств поверхности применялся метод Фурье-спектроскопии (FTIR-300E; Jasco, Japan). Термические свойства изучались методом дифференциального термического анализа (DTA; TGA 2050).

Изучеиие микроструктуры и наблюдение за морфологией полученных аэрогелей проводились с помощью растрового злектронного микроскопа (SEM) JEOL JSM-35 CF и просвечивающего электронного микроскопа (TEM) Hitachi H-9000.

Экспериментальные смеси положительных двойных и тройных азеотропов, используемые нами для синтеза кварцевого аэрогеля методом атмосферной сушки приведены в Табл.1. Термические режимы сушки подбирались исходя из эмпирической зависимости между температурой кипения азеотропной смеси и ее давлением [51]. В процессе выбора азеотропов старались подобрать и использовать в экспериментах тройные положительные азеотропы, одним из компонентов которых была вода, и бинарные, идентичные им по двум другим компонентам, за исключением воды. Целью был сравненительный анализ возможности связывания воды, оставшейся после процесса гидролиза, двойными положительными азеотрапами в сравнение с их тройными аналогами, содержащими воду. Наилучший результат нами был достигнут в случае использования бинарного положительного азеотропа бензол⁄ изопропанол (Табл.1, 6). Были получены прозрачные, бездефектные образцы кварцевого аэрогеля (Рис. 13).

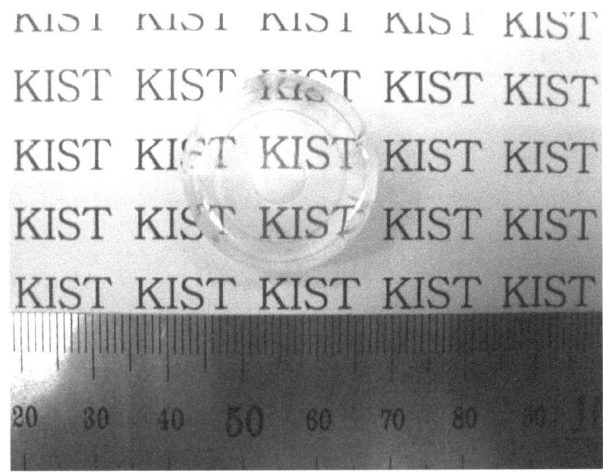

Рис.13 Образец кварцевого аэрогеля (поровая жидкость бензол⁄изопропанол)

Табица 1.

Физические свойства азеотропных смесей и режимы сушки образцов кварцевого ксерогеля

Смесь	Компоненты	Температуры кипения комп-тов, °С	Температура кипения азеотропа, °С	Состав азеотропа, (mol%)	Температурный диапазон сушки, °С
1	Бензол	80,1		88	
	n- бутанол	108,3	38,0	5	38 - 130
	Вода	100,0		7	
2	Метанол	64,7		14	
	Метилацетат	57,9	45,2	27	45 - 130
	Гексан	68,0		59	
3	Метанол	64,7		15	
	Хлороформ	61,2	53,0	81	53 - 140
	Вода	100,0		4	
4	Бензол	80,1		72	
	Изопропанол	82,4	66,1	20	66 - 130
	Вода	100		8	
5	Метанол	64,7	53,4	87	53 - 140
	Хлороформ	61,2		13	
6	Бензол	80,1	71,2	66	71 - 160
	Изопропанол	82,4		34	

В течение примерно двух месяцев с момента синтеза в образцах (6) не наблюдали видимых изменений, затем отмечалось незначительное помутнение.

Рис.14 ПЭМ - изображение кварцевого аэрогеля (поровая жидкость - азеотропная смесь бензол ∕ изопропанол).

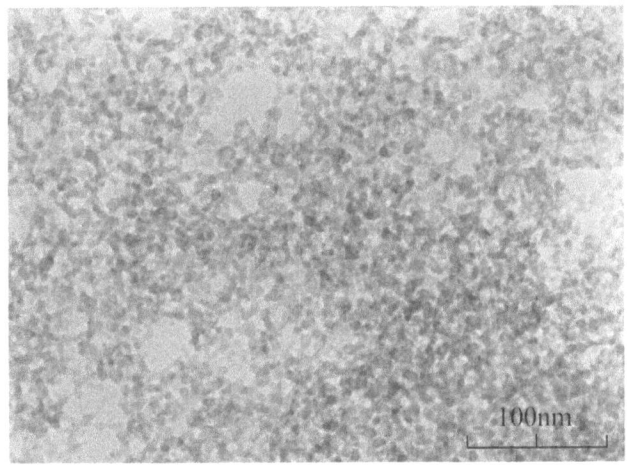

Рис. 15 РЭМ - изображение SiO_2 аэрогеля (поровая жидкость - азеотропная смесь бензол ∕ изопропанол)

Следует отметить, что в случае использования тройного положительного азеотропа бензол∕ изопропанол∕ вода (Табл.1, 4) образцы хорошего качества получены не были, наблюдался крекинг внутри полученных материалов примерно в течение суток с момента окончания синтеза.

Для образцов, полученных с использованием положительного азеотропа бензол/ изопропанол, проводилась оценка линейной усадки, размера пор, изучалась микроструктура. Линейную усадку при сушке оценивали по отношению исходного диаметра формы, в которой выдерживался образец геля, и образца после атмосферной сушки. В среднем величина усадки не превышала 27-30 %. На Рис. 14 приведено ПЭМ - изображение образца кварцевого аэрогеля после сушки в атмосферных условиях. Максимальная величина пор данного образца колеблется в пределах 19-21 нм. Величины частиц, согласно данным РЭМ (Рис. 15), в среднем - 8 нм. Таким образом, при использовании в качестве поровой жидкости азеотропа бензол/изопропанол нами были получены образцы с удельной площадью поверхности (ВЕТ) ~ 960 ± 10 м^2/г, средним диаметром пор ~ 14-19 нм и плотностью ~ 0.39 г/см^3, что является показателями их неплохого качества.

Экспериментальное использование положительных азеотропных смесей показало, что их применение изначально не может быть очень успешным, так как в изотермических условиях давление над ними больше, чем давление над одним из компонентов. Помимо этого, азеотроп жидкость – пар, возникающий в трехфазном равновесии кристалл - жидкость - пар с ростом температуры либо исчезает, либо остается до критического состояния [40]. В последнем случае из-за схожести изобар температур кипения и критических кривых [52], существование азеотропной смеси приводит к появлению экстремумов на линии, соединяющей критические точки компонентов. Таким образом, весь этот комплекс ассоциированных явлений должен был тщательно проанализирован. Работа с положительными азеотропными смесями и проведённые нами теоретические исследования позволили сделать вывод о необходимости целенаправленного поиска отрицательных азеотропных смесей, использование которых могло реализовать попадание в закритическую область при атмосферном давлении. Для этого необходимо учитывать всю возможную информацию о равновесии кристалл - жидкость – пар, причём в самом простом случае речь идёт об образовании непрерывного твердого раствора. Отдельный интерес представляют собой системы, которые обладают ограниченной взаимной растворимостью в кристаллическом состоянии, и те, в которых появляется химическое соединение. Если для иллюстрации провести аналогию с неорганической системой, в случае образования в ней химического соединения, то можно ожидать ощутимого снижения давления при испарении азеотропной смеси жидкость - пар, в сравнение с испарением отдельных жидких компонентов.

2.4 Использование отрицательных азеотропов для получения кварцевого аэрогеля

Проведённые нами теоретические исследования и применение положительных азеотропов показало, что необходим поиск отрицательных азеотропов, которые образуют не только непрерывные жидкие, но и непрерывные твердые растворы. Более того, желательно, чтобы компоненты, составляющие азеотропы, имели критические точки близкие по давлению (разница давлений не более 50 атм.), и максимально отличающиеся по температуре (не менее 200°).

Как и в предыдущем случае (Схема), влажный кварцевый гель был получен двухступенчатым кислотно-щелочным золь-гель синтезом. Соотношения реагентов были выбраны согласно данным [53]. Используемые химические вещества: тетраэтилортосиликат (TEOS) (Junsei), изопропанол (Junsei), водные растворы HCl и NH$_4$OH. К 52,9 г изопропанола добавляли 60 г тетраэтилортосиликата и эту смесь перемешивали в течение часа. Далее к этой смеси, добавляли при постоянном помешивании 15,3 г 0,1 М HCl, и этот процесс занимал также один час. На втором этапе к этим реагентам было добавлено 7.3 г 0,15 М NH$_4$OH. Золь - фракции с вязкостью 8-12 сП и объёмом примерно 5 мл, помещали в полипропиленовые формы диаметром 3 см и высотой 6 см. Формы были покрыты плотно подогнанными крышками и оставлены при комнатной температуре примерно на 1 ч. Гелеобразование проходило в условиях окружающей среды. Модификация поверхности проводилась 5% объемным раствором триметилхлорсилана (TMCS) (Alfa Aesar) в n-бутаноле при 50 °C в течение ~ 24 ч.

Полученные кварцевые матрицы обладали высокой пористостью, однако поры ксерогелей заполнены растворителем, а также побочными продуктами реакций гидролиза и полимеризации. Ранее уже упоминалось, что аэрогель может быть сформирован при условии, что смесь растворителей удалена из ксерогеля без деструкции его каркаса. В данном случае процедура синтеза этих материалов включает подготовку растворов, модификацию поверхности и сушку при атмосферном давлении. Чтобы получить аэрогель на основе диоксида кремния с малой усадкой и высокой пористой структурой, надо в процессе синтеза группы - OH заменить группами -O-Si-(CH$_3$)$_3$ [54].

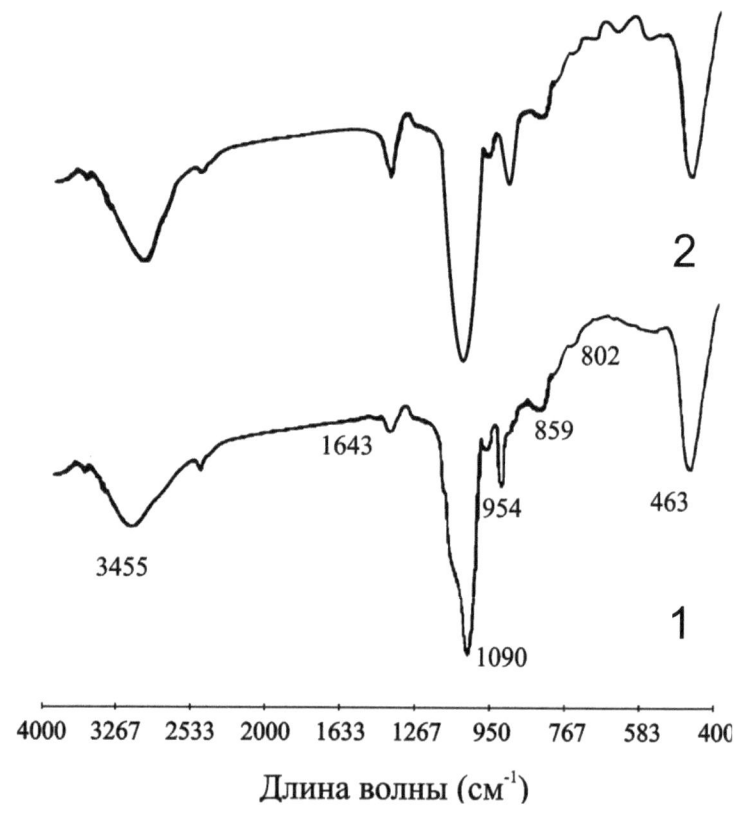

Рис. 19. ИК-спектры модифицированного (1) и немодифицированного (2) образцов кварцевого аэрогеля (поровая жидкость - азеотроп (1) n-бутанол/этилендиамин)

Для оценки эффективности модификации поверхности 5% раствором TMCS в n-бутаноле были использованы образцы гелей, полученные по приведённой выше схеме, с использованием бинарного отрицательного азеотропа n-бутанол⁄ этилендиамин (1) (Табл.2) и образцы без модификации поверхности. Полученные прозрачные аэрогели без модификации поверхности демонстрировали значительную усадку (до 45%) во время термической обработки, в отличие от образцов с модифицированной поверхностью. Как и в случае с положительными азеотропами, линейную усадку при сушке оценивали по отношению к диаметру форм, в которых выдерживались образцы гелей. Немодифицированные образцы растрескивались в течение небольшого интервала времени после их выемки из печи, что очевидно связано с воздействием на них атмосферной влаги. Анализ результатов ИК-спектрометрии данных образцов (Рис.16) показал, что пики в средневолновой области при 463, 802 и 1090 см$^{-1}$ соответствуют изгибному, валентному симметричному и валентному несимметричному колебаниям группы Si-O-Si. Небольшой пик при 859 см$^{-1}$, по-видимому, соответствует колебанию группы Si-CH$_3$. С ростом длины волны в спектре появляются пики, отвечающие колебаниям группы -OH. Пики при 954, 1640 и 3455 см$^{-1}$ идентифицируются, соответственно, как валентное колебание группы Si-OH, изгибное колебание группы H-OH и несимметричное валентное колебание группы –OH. Сравнение ИК-спектров модифицированного и немодифицированного образцов аэрогеля показывает, что в спектре модифицированного образца интенсивности последних трёх упомянутых пиков меньше, в сравнение с немодифицированным веществом. Таким образом, модификация поверхности аэрогелей приводит к увеличению гидрофобности этих материалов.

В отличие от синтеза с использованием положительных азеотропов, процесс получения аэрогелей с использованием в качестве поровой жидкости отрицательных азеотропов на стадии сушки имеет свои особенности, связанные с физическими свойствами используемых смесей (Табл.2).

Табица 2

Физические свойства используемых отрицательных азеотропных смесей

Компоненты	Температуры кипения компонентов, °C	Температура кипения азеотропа, °C	Состав азеотропа, (мол.%)	Критическая температура, °C	Критическое давление, (атм)	Диапазон сушки, °C
1 n--бутанол Этилен-диамин	117.75 116,9	120.5	59.4 40.6	289.9 432.7	42.6 45.0	23-80
2 n--бутанол Пиридин	117.75 115,3	118.7	72.3 27.7	289.9 346.9	42.6 55.96	23-119
3 2- бутанол Этилен-диамин	108,3 116,9	124.7	44.8 55.2	263.1 432.7	41.47 45.0	23-80
4 Бутиламин 2-пропанол	77,1 82.3	84.7	35.4 64.6	258.8 235.2	41.9 47.02	23-85
5 Хлороформ Ацетон	61,2 56.2	64.7	66.1 33.9	263.3 235.0	54.0 46.4	23-65
6 Цикло-гексанол Фенол	161,5 182.01	183	12.3 87.7	376.9 421.1	42.0 60.5	23-180 23-110
7 3-пентанол Пиридин	115.6 115,3	117.4	52.3 47.7	286.5 346.9	44.1 55.96	23-118
8 Толуол Этилен-гликоль	110.6 197,2	198	90.6 9.4	318.6 263	40.54 38.2	23-90
9 Вода Этилен-диамин	100 116,9	119	42,9 57.1	374.2 432.7	217.6 45.0	23-100

Эксперименты с азеотропными смесями (1) и (3) (n-бутанол/ этилендиамин и 2-бутанол/ этилендиамин) показали, что сушка возможна в температурном интервале, который существенно ниже температур кипения азеотропов (75-80 °C), что связано с сильной летучестью их компонентов. Нагрев проводился со скоростью v= 0,1 °/мин. Химикаты, используемые для получения этих азеотропных смесей производства Junsei, Япония (n-бутанол, этилендиамин) и Daejung Chemicals & Metals Co., Корея (2-бутанол). Полученные образцы были хорошего качества (Рис. 17).

В азеотропной смеси (2) n-бутанол/ пиридин (пиридин - Wako, Япония) компоненты смешивались легко, а процедура получение образцов такая же, как и в предыдущем случае. Сушили продукты от комнатной температуры до 119 °C со скоростью нагрева v= 0,1 °/мин, причём при конечной температуре образцы аэрогеля оставляли не менее чем на 48 ч.

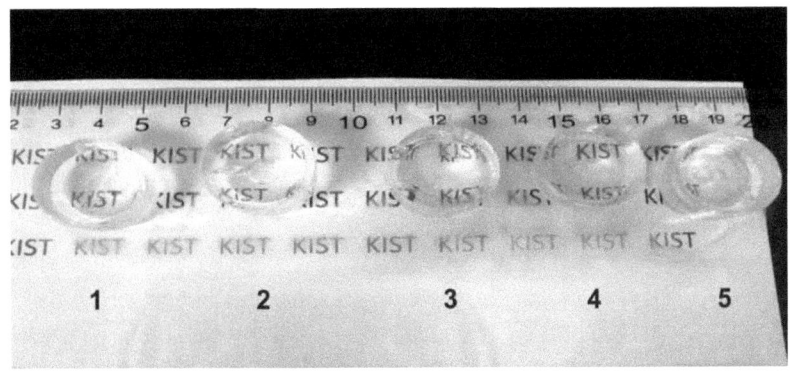

Рис.17 Образцы аэрогелей, полученные методом атмосферной сушки с использованием в качестве поровых жидкостей азеотропов n-бутанол/ этилендиамин (1,2), 2-бутанол/ этилендиамин (3,4) и раствора карбоната аммония (5)

С использованием азеотропной смеси (4) 2-пропанол/ бутиламин (бутиламин - Junsei, Япония) готовились образцы аэрогеля тремя способами. Для исходных продуктов брались фракции с вязкостью 8-12 сП и выдерживались при комнатной температуре не менее 6 ч, что занимало ощутимо больше времени в сравнение с обычной процедурой (20-30 мин). Процесс гелеобразования шёл 15-20 мин при комнатной температуре (23-28 °С). Свободное пространство в формах заполняли изопропанолом, а сами формы оставляли при комнатной температуре на 24 ч. Далее была подготовлены серии образцов, обозначенных нами как E4-1, E4-2, E4-3, в процессе получения которых использовали три различных спирта (этанол, изопропанол и бутанол). Низкотемпературные гелеобразующие образцы E4-1 были помещены в ёмкости, содержащие этанол (50-120 мл), и выдерживались при температуре 50 °С в течение ~ 24 ч, затем следовала модификация поверхности 5% объёмным раствором TMCS (Alfa Aesar) в этаноле при 50 °С в течение ~ 24 ч. На следующей стадии полученные гели последовательно промывали этанолом при 50 °С в течение ~ 24 ч, далее 3: 1 смесью этанола и азеотропа (4) при 50 °С в течение ~ 24 ч, 1: 1 смесью этанола и азеотропа (4) при 50 ° С в течение ~ 24 ч и, наконец, чистой азеотропной смесью (4) при 50 ° С в течение ~ 24 ч. Полученные образцы далее были оставлены в азеотропной смеси (4) на один месяц при комнатной температуре. Аналогичным образом были получены серии образцов E4-2, E4-3, но при этом мы использовали изопропанол или бутанол, соответственно. Все гели этого типа сушили при нагрева со скоростью v=0,1 °/мин от комнатной температуры до температуры кипения азеотропа (4) 2-пропанол/бутиламин (Табл. 2). Исследования показали, что наименее гидрофобными являются аэрогели серии E4-2.

Азеотропная смесь (5) хлороформ/ацетон обладает высокой летучестью даже при комнатной температуре, что затрудняет её использование, в том числе и из-за возможности вариации состава с изменением температуры. В качестве исходных реагентов использовали ацетон (Daejung Chemicals & Metals Co) и хлороформ (Wako). После обычного двухступенчатого золь-гель синтеза образцы помещали в ёмкости с n-бутанолом (50-120 мл) и выдерживали при температуре 50 °С в течение ~ 24 ч, затем следовала обязательная модификация поверхности. Для обрацов серии B5-1 в качестве модифицирующего раствора использовали 5% объемный раствор TMCS в n-бутаноле, а для серии B5-2 - 5% объемный раствор TMCS в этаноле. Далее гели B5-1 и B5-2 промывали последовательно этанолом при 50 °С в течение ~ 24 ч, далее 3: 1 смесью этанола и азеотропа (5) при 50 °С в течение ~ 24 ч, затем 1: 1 смесью этанола и азеотропа (5) при 50 °С в течение ~ 24 ч, и наконец чистой азеотропной смесью (5) при 50 ° С в течение ~ 24 ч. Следует отметить, что существенной разницы в свойствах образцов обеих этих серий нами не нпблюдалось.

Таблица 3.

Харакеристики аэрогелей полученных методом атмосферной сушки с использованием различных поровых жидкостей

	Азеотроп	Температура кипения, ⁰C	Плотность ±0.02 (г/см³)	Площадь поверхности ± 10 (м²/г)	Объём пор ±0.06 (см³/г)	Средний диаметр пор ± 2(Å)	Линейная усадка ±2(%)	Пористость ±2(%)
1	n–бутанол Этилен-диамин	120.5	0.37	1050	1.99	213	23.9	79.2
2	1- бутанол Пиридин	118.7	0.49	820	1.57	138	25.6	74.2
3	2- бутанол Этилен диамин	124.7	0.41	776	1.34	154	29.6	57.5
4	Бутиламин 2-пропанол	84.7	0.48	833	1.61	126	29.5	68.1
5	Хлороформ Ацетон	64.7	0.54	895	1.86	133	30.1	80.0
6	Цикло гексанол Фенол	183	0.52	799	1.42	142	31.5	74.2
7	3-пентанол Пиридин	117.4	0.55	803	1.67	149	29.7	75.3
8	Толуол Этилен-гликоль	198	0.62	755	1.12	92	35.9	70.7
9	Вода Этилен диамин	119	0.59	729	1.03	121	41.2	64.5
10	Карбонат аммония		0.83	417	0.47	52	37.4	42.3

Однако, многочисленные эксперименты показали, что на стадиях модификации и промывки предпочтительнее использовать n-бутанол, в отличие от этанола и изопропанола. Как и в предыдущем случае, сушка образцов серий В5-1 и В5-2 проводилась со скоростью v= 0,1°/мин от комнатной температуры до темпераиуры кипения азеотропа хлороформ/ ацетон - 65 ° С (Табл.2). Полученные образцы были очень хорошего качества, но только при условии соблюдения режима достаточно медленной сушки, поэтому температуру поднимали не более чем на 10°/сутки.

Для получения азеотропной смеси (6) циклогексанол/ фенол (оба - Daejung Chemicals & Metals Co.) вначале фенол медленно нагревали в муфельной печи до 50 °C, так как температура плавления этой компоненты 40,8 °C . После того, как фенол становился жидким, в сосуде, нагретом до температуры 50 °C, его смешивали с предварительно расплавленным циклогексанолом ($t_{пл}$= 25,15 °C). Несмотря на это, компоненты смешивались плохо и получение гомогенной смеси занимало не менее часа при постоянном перемешивании. На последующих этапах образцы аэрогелей получали аналогично процедуре с азеотропами (1) и (3). Несмотря на достаточно медленный нагрев, примерно при температуре 183 °C начинася крекинг внутри образцов. Кроме этого в процессе сушки, с ростом температуры в печи (примерно от 105 °C), наблюдалось изменение цвета азеотропа, что видимо, связано с изменением химического состава данного азеотропа. Снижение максимальной температуры сушки вначале до 150 °C, а затем, после многочисленных экспериментов, до температуры 110 °C к желаему результату не привело, и получить бездефектные образцы, используя азеотроп (6) циклогексанол/ фенол не удалось.

Что касается азеотропной смеси (7) 3-пентанол/ пиридин (Junsei и Wako, соответственно), то данный азеотроп смешивался хорошо. Образцы синтезировали по стандартной методике. Важным условием получения этих аэрогелей удовлетворительного качества была достаточно длительная сушка. Процесс повышения температуры на каждые 10 °C от комнатной температуры до 118 °C занимал не менее 48 ч.

Образцы с использованием азеотропа (8) толуол/ этиленгликоль (Junsei) готовились теми же способами, как и в описанной выше процедуре для азеотропной смеси (4) 2-пропанол/ бутиламин, при использовании на разных этапах этанола, изопропанола или бутанола – серии В8-1, В8-2, В8-3. Этиленгликоль широко используется в промышленности для поглощения воды

[55], поэтому наличие этой компоненты в составе азеотропа (8), несмотря на её высокую вязкость, вызывает закономерный интерес. Компоненты азеотропа (8) хорошо смешиваются при комнатной температуре, летучесть полученного продукта низкая, что существенно облегчает её использование. Также, как и в предыдущем случае, сушка всех серий образцов проводилась в интервале от комнатной до температуры кипения азеотропа (8) со скоростью v=0,1 °/мин. После нагрева на каждые 10°, образцы оставляли при достигнутой температуре на 2 ч. При температуре примерно 150 °C азеотропная смесь начинает менять свой цвет, и становится очевидным, что дальнейший нагрев не имеет смысла. Чтобы избежать разложения азеотропной смеси (8), сушку проводили при максимальной температуре 90 °C в течение 48 ч. Полученные таким образом образцы всех серий вначале имели неплохое качество, удовлетворительную линейную усадку, тем не менее, спустя 23 дня после их получения и хранения в атмосферных условиях, наблюдалось постепенное помутнение, а затем и крекинг внутри образцов. Как и в случае использования азеотропной смеси (5) хлороформ⁄ ацетон, образцы серии B8-1, при синтезе которых на стадиях модификации и промывки использованием n-бутанол, оказались наиболее гидрофобными.

Единственным используемым нами азеотропом, содержащим воду, была смесь (9) вода⁄ этилендиамин (Junsei, Япония). Несмотря на то, что температура кипения азеотропа составляет 119 °C, сушку осуществляли в температурном интервале не выше 100 °C. Полученные по описанной уже схеме (как и при использовании смесей 1-3), образцы аэрогелей были прозрачными, однако линейная усадка у них оказалась значительно выше в сравнение с образцами (1) и (3) (Табл.3).

Таким образом, среди используемых азеотропных смесей наиболее подходящими поровыми жидкостями для синтеза аэрогелей методом атмосферной сушки, оказались смеси (1) n-бутанол⁄ этилендиамин и 2-бутанол⁄ этилендиамин (Рис.17).

2.5 Исследования термической стабильности и микроструктурной эволюции кварцевого аэрогеля

В процессе отбора новых подходящих поровых жидкостей, нами было определено и теоретически обосновано преимущество отрицательных азеотропов над положительными, а в ходе экспериментальных исследований их стабильности было выявлено преимущество двух азеотропных смесей: n-бутанол⁄ этилендиамин (1) и 2-бутанол⁄ этилендиамин (3) (Табл.3). Свойства и композиции данных азеотропных смесей взяты из Azeotrope Databank by J.W. Ponton и [56]. Хотя полученные нами образцы визуально были хорошего качества, тем не менее, эксперименты по изучению их стабильности и микроструктуры необходимы.

Сушка влажного геля является чрезвычайно важным этапом, так как поровая жидкость должна быть удалена с максимальной осторожностью, не вызывая разрушения каркаса полученного материала. Процесс сушки при атмосферном давлении данных образцов осуществлялся в одну стадию, а режимы, в зависимости от состава азеотропной смеси, подбирались экспериментальным путем (Табл. 2). Было определено, что температура сушки, как правило, ниже, чем соответствующие температуры кипения бинарных отрицательного азеотропов. Необходимо учитывать факт, что с изменением температуры происходит изменение соотношения компонент азеотропных смесей [57]. Помимо этого очень важно контролировать нагрев азеотропных смесей, с целью предотвратить процессы разложения их компонент.

Очень интересный способ получения бездефектного аэрогеля методом атмосферной сушки был предложен Н. Химичем [58]. В ходе синтеза кварцевого аэрогеля автор добавлял раствор формамида во влажный гель. Таким способом были получены прозрачные монолитные крупногабаритные образцы (до 50-60 см в диаметре), что представляет огромный промышленный интерес. Однако, данный способ имеет огромный недостаток, так как при атмосферном давлении и температурах выше 160 °C формамид разлагается с образованием аммиака и окиси углерода, и одновременно незначительная его часть разлагается с образованием аммиака и синильной кислоты. В описанном способе, с использованием формамида, требуется дальнейшая термическая обработка кварцевых аэрогелей при температурах выше 500 °C для полного удаления продуктов термического разложения поровой жидкости. Ниже этой температуры, гель непрозрачен из-за высокого содержания в нём органических примесей. И поскольку работа с формамидом очень опасно, а идея использования подобных веществ перспективна, была предпринята попытка найти новые подходящие для такого рода синтеза поровые жидкости, которые могут разлагаться уже при невысоких температурах, а сам процесс разложения не сопровождается резким повышением давления, что способно разрушить каркас материала.

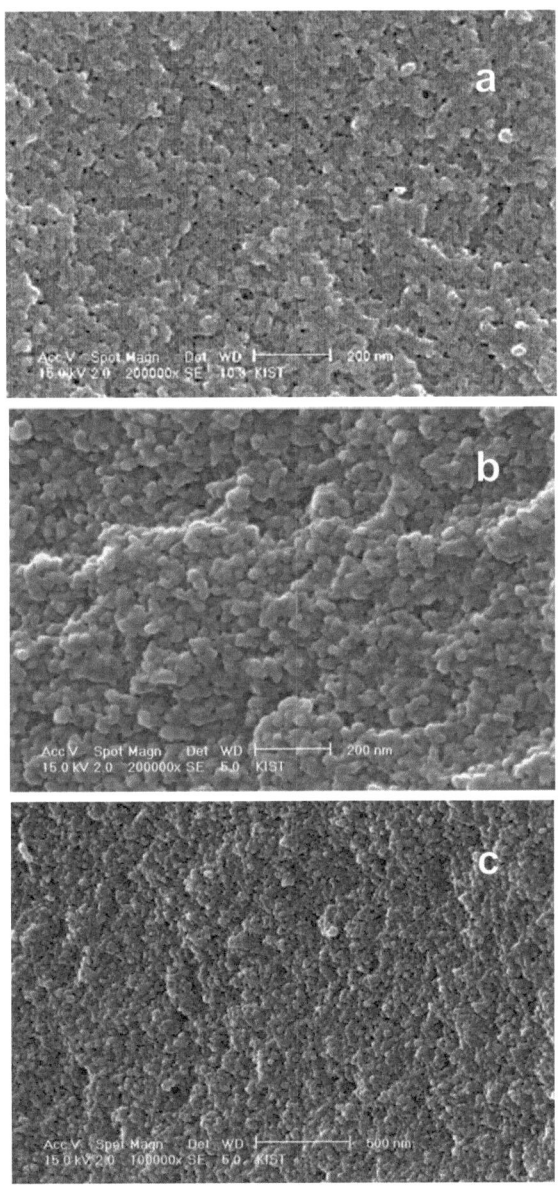

Рис. 18 ПЭМ-изображения SiO$_2$ аэрогеля, синтезированного с использованием азеотропов n-бутанол／этилендиамин (а), 2-бутанол／этилендиамин (б) и раствора карбоната аммония (с) в качестве поровых жидкостей

На наш взгляд, наиболее приемлимым казалось использование растворов хлорида аммония NH_4Cl и карбоната аммония $(NH_4)_2CO_3$. Первое соединение при нагревании до 338 °C полностью разлагается на NH_3 и HCl. Второе - очень неустойчиво как на воздухе, так и в растворе, и уже около 20 °C разлагается с образованием аммиака NH_3 и гидрокарбоната аммония NH_4HCO_3, а при температуре 60 °C быстро распадается на NH_3, CO_2 и H_2O. Для промывки синтезированных нами гелей использовали насыщенные водные растворы хлорида аммония NH_4Cl (32 г на 100 г воды при 5°C) и карбоната аммония $(NH_4)_2CO_3$ (15 г на 100 г воды при 5°C). Трёхкратный замен поровой жидкости проводился при 5°C, сосуды хранились в термостате. Сушка образцов, полученных с использованием хлорида аммония в качестве поровой жидкости, к хорошим результатам не привела, так как при нагревании, уже при невысоких температурах, происходит деструкция образцов.

Желаемый результат удалось достичь, используя в качестве поровой жидкости раствор карбоната аммония. При медленном нагреве (не менее 48 часов) ёмкостей с гелем под крышкой с отверствием, от 5 °C до комнатной температуры, и дальнейшей продолжительной сушкой до температуры 338 °C удалось получить бездефектные образцы кварцевого аэрогеля. Недостатком полученных образцов были их маленькие размеры (до 2 см в диаметре). Однако, полученный таким способом аэрогель очевидно может наноситься как покрытия для различных материалов. В данном случае исходными материалами для кислотно-щелочного катализа служили тетраэтилортосиликат (TEOS) и изопропанол в качестве растворителя. Изопропанол заменялся n-бутанолом, а поверхность гелей модифицировалась 5% объёмным раствором триметилхлорсилана (TMCS) в этаноле. После этого полученный гель помещали в этанол, а затем ещё трижды проводили его замену. Каждый этап получения занимал ~ 24 ч.

В Табл. 3 приведены параметры аэрогелей, полученных с использованием карбоната аммония (10). Следует отметить, что хотя основные параметры такие как плотность, удельная площадь поверхности, пористость, средний диаметр пор у образцов (10) хуже, чем, у (1) и (3), но процесс получения аэрогелей с использованием раствора карбоната аммония заметно проще и коммерчески перспективнее по причине использования более дешёвых материалов и сокращения его длительности.

Изучеие микроструктуры аэрогелей проводилились с помощью просвечивающего электронного микроскопа (ПЭМ) Hitachi H-9000. ПЭМ -

изображения образцов аэрогелей с использованием различных поровых фдюидов приведены на Рис.18. Видно, что в случае использования как порового флюида азеотропной смеси n-бутанол/ этилендиамин (Рис.18а) и раствора карбоната аммония (Рис.18с) образцы кварцевого аэрогеля обладают более однородной структурой, а при использовании флюида (3) (Рис. 18б) частицы больше и микроструктура не столь равномерна.

Распределение пор по размеру (BJH) для образцов кварцевого аэрогеля после атмосферной сушки показано на Рис. 19. Видно, что все исследованные образцы имеют острый пик распределения. В микроструктурах образцов, в зависимости от используемого флюида, наблюдаются поры размером 5-28 нм. Размер частиц в образцах составляет 7-11 нм. Совершенно очевидно, что увеличение размера пор снижает капиллярное давление при сушке и приводит к понижению плотности гелей, а степень усадки, которая происходит во время сушки, зависит от жесткости каркаса [35]. Наибольший диаметр пор (пик распределения ~ 21 нм) наблюдается для образцов, полученных с использованием в качестве поровой жидкости азеотропа (1) n-бутанол/ этилендиамин.

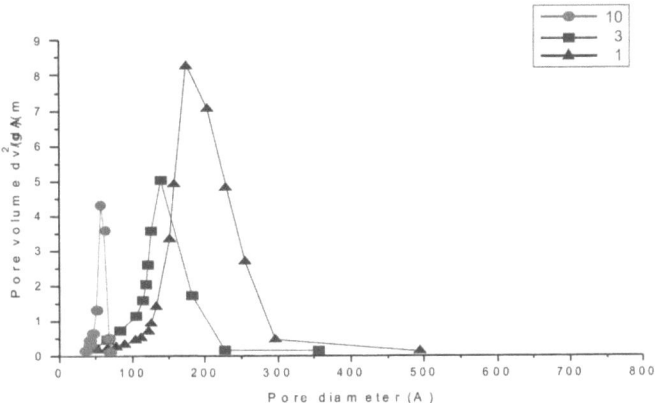

Рис.19 Распределение пор по размерам (BJH) в кварцевых аэрогелях при использовании в качестве поровых жидкостей азеотропов n-бутанол/ этилендиамин (1), 2-бутанол/ этилендиамина (3) и раствора карбоната аммония (10)

Текстурные свойства образцов аэрогеля исследовались методом адсорбции-десорбции азота при 77 К и динамическом измениянии P/P_0 в диапазоне от 0,05 до 0,999. Адсорбционная и десорбционная ветви изотерм для различных образцов при 77 К приведены на Рис. 20 (где P/P_0 – относительное давление пара, P_0 – давление насыщенных паров над поверхностью). Расчет размеров мезопор для данных образцов проводился с помощью уравнения Кельвина:

$$r_m = \frac{-2\gamma \cdot V_l}{R \cdot T \cdot \ln(P/P_0)},$$

где γ - поверхностное натяжение азота в точке кипения, V_l - молярный объем жидкого азота, T - температура кипения азота, P/P_0 - относительное давление азота, r_m - радиус пор материала.

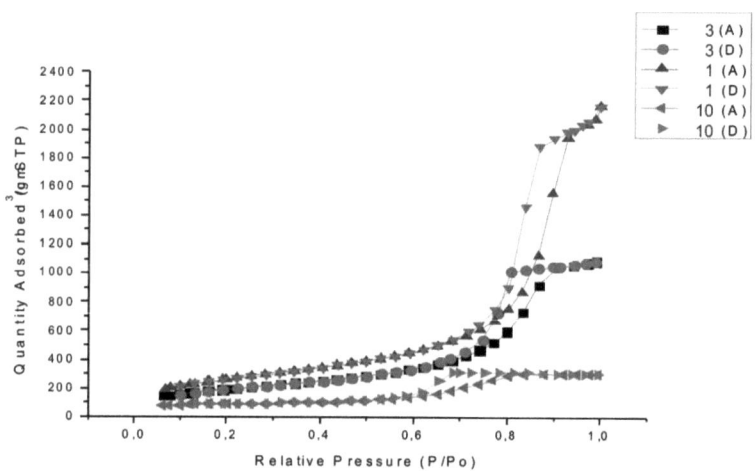

Рис.20 Изотермы адсорбции-десорбции азота, полученные при использовании в качестве поровых жидкостей азеотропов (1) n-бутанол/этилендиамин, (3) 2-бутанол/ этилендиамин и (10) раствора карбоната аммония

Вид изотерм позволяет сделать выводы о площади поверхности и пористости адсобирующего материала. Изотермы, полученные для всех исследованных образцов типа IV, что характерно для мезопористых материалов [59]. На изотермах десорбции наблюдаются петли гистерезиса, что является отличительным признаком изотерм IV типа и объясняется капиллярной конденсацией, происходящей в мезопорах. Форма петли гистерезиса отождествляется с конкретными формами пор и, согласно классификации Де Бэра поры в данных образцах относятся к типу E – типу «чернильницы», т.е. к глухим порам [60]. Согласно классификации пор, принятой IUPAC (Международным союзом по теоретической и прикладной химии), очевидно, что полученные образцы являются мезопористыми материалами, для которых характерны поры 2 – 50 нм.

Для определения удельной площади поверхности образцов использовали многоточечный метод BET (Brubauer–Emmett–Teller) [61], который использует уравнение:

$$\frac{1}{W(P_0/P)-1} = \frac{1}{W_m \cdot C} + \frac{C-1}{W_m \cdot C}(P_0/P),$$

где W - масса газа, адсорбированного при относительном давлении P_0/P, W_m – масса десорбированного газа, образующего монослой, покрываюваший всю поверхность, C – константа BET, которая относится к энергии адсорбции в первом адсорбционном слое, и таким образом, её значение служит показателем магнитуды взаимодействия адсорбент/ адсорбат. Плотности образцов были рассчитаны по формуле $\rho = m/V$, а пористость (%) = 100 (1 - ρ /ρ $_{SiO2}$). Сравнение параметров исследованных нами образцов (Табл. 3) показало, что наибольшей удельной площадью поверхности (BET) ~ 1050 ± 10 м^2/г обладают материалы, полученные при использовании азеотропа (1) n-бутанол/ этилендиамина, при средним диаметре пор (BJH) ~ 13 - 25 нм и плотности ~ 0.37 г/см^3.

Анализ элементного состава, позволяющий сделать выводы о качественном и количественном соотношении химических элементов в образцах, полученных с использованием азеотропов (1) и (3), проводился методом энергодисперсионной рентгеновской спектроскопи (EDX), реализованной посредством детектора X-max при комнатной температуре и давлении 4.5·10^{-6} мбар (Рис.21). Исследования проводились для образцов примерно через 24 ч после окончания процесса синтеза. В обоих случаях

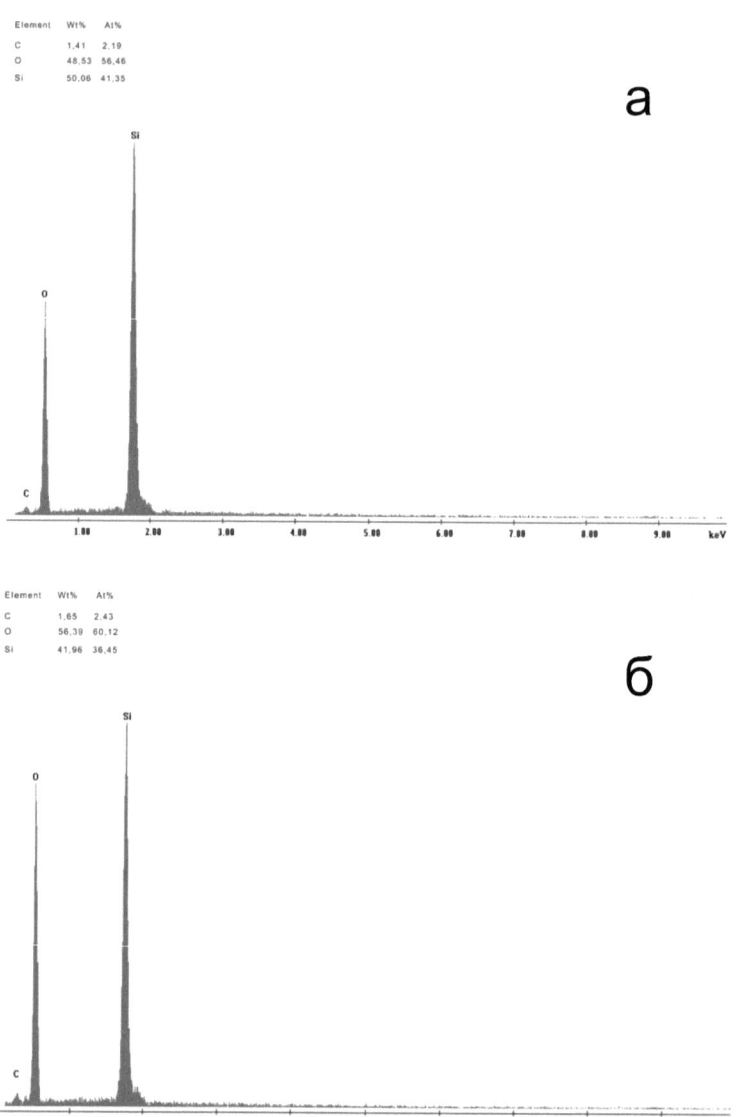

Element	Wt%	At%
C	1.41	2.19
O	48.53	56.46
Si	50.06	41.35

а

Element	Wt%	At%
C	1.65	2.43
O	56.39	60.12
Si	41.96	36.45

б

Рис.21 Элементный состав образцов кварцевого аэрогеля (EDX-спектроскопия), полученных с использованием азеотропов (1) n-бутанол//этилендиамин (а) и (3) 2-бутанол-этилендиамина (б) при комнатной температуре в ваккуме $4.5 \cdot 10^{-6}$ мбар

64

наблюдается незначительное количество (1,41 и 1.65 весовых %С), что указывает на необходимость более длительного времени сушки до полного удаления флюидов из образцов.

Дальнейшие исследования синтезированных гелей, полученных с использованием азеотропов (1) n-бутанол/ этилендиамин и (3) 2-бутанол/ этилендиамин, с целью оптимизации времени сушки, показали, что нагрев в печи до температуры 80 °C в течение 5 ч приводит к потере 27 % (1) и 30 % (3) от исходной массы, соответственно, и при этом не наблюдается деструкция образцов. Потеря веса, очевидно, связана с испарением воды, образующейся в результате реакции поликонденсции, и органических флюидов.

Рентгеноструктурный анализ (XRD) для образцов, полученных при использовании азеотропа (1) n-бутанол/ этилендиамин, был проведён в ПТК 1200N высокотемпературной печи в вакууме (10^{-4} мбар) с CuK$_\alpha$ - источником излучения (1.5405 Å) и в диапазоне температур 100 °C - 1000 °C (Рис.22). Результаты XRD-исследований образцов показали, что рентгеноаморфное вещество с ростом температуры претерпевает полиморфные превращения, согласно классическим исследованиям Феннера [62]. Появление уже при температуре 100 °C, на фоне рентгеноаморфного кремнезёма, дополнительного рефдекса объясняется присутствием в экспериментах подложки из корýнда (α-Al_2O_3), имеющего тригональную сингонию. После высотемпературных XRD исследований поликристаллы имели белый цвет и при незначительном нагреве увеливали массу. Следов SiC не обнаружено.

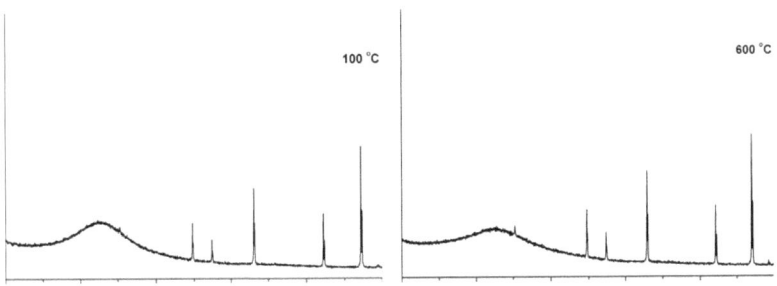

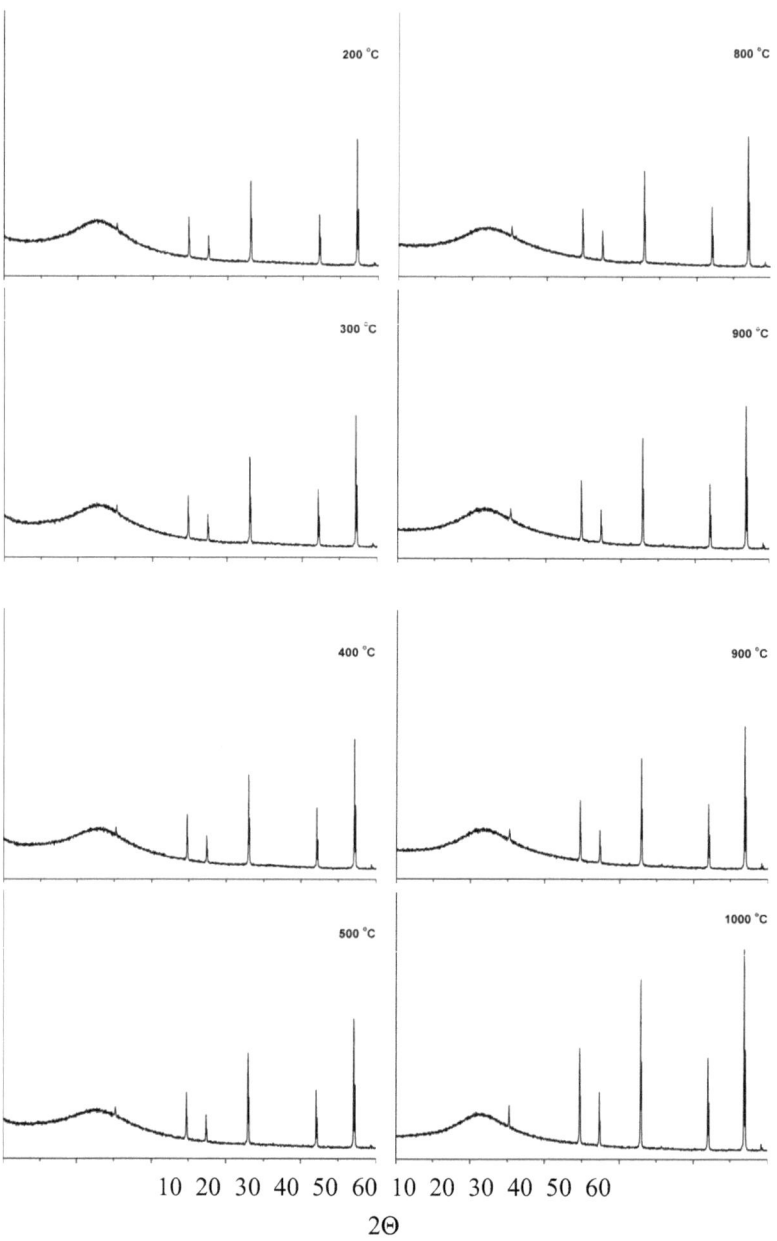

Рис.22 Рентгеноструктурный анализ (XRD) образцов, полученных с использованием азеотропа (1) n-бутанол/этилендиамин

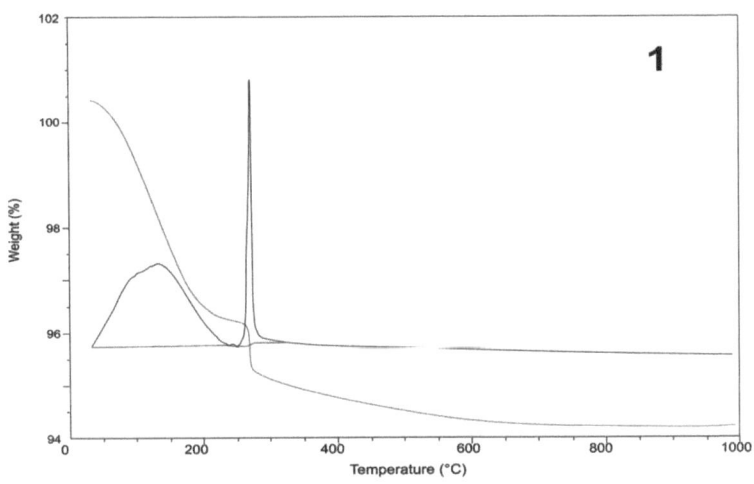

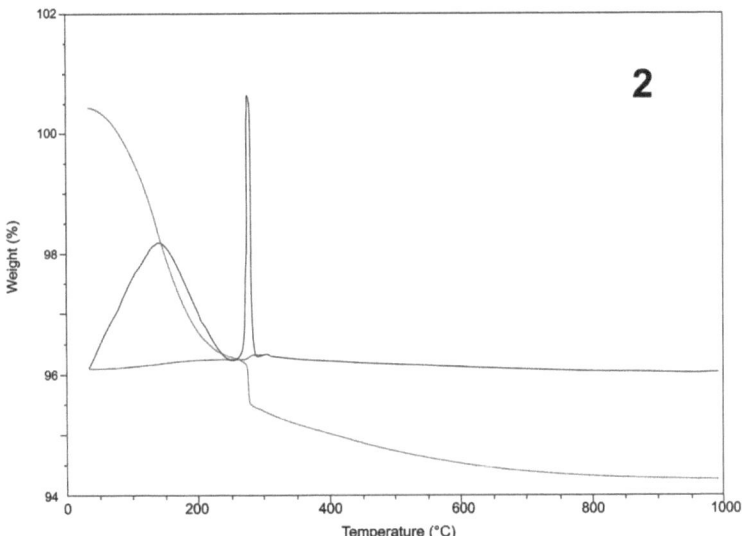

Рис. 23 TG-DT кривые образцов, полученные при использовании в качестве поровых жидкостей азеотропов n-бутанол⁄ этилендиамин (1) и 2-бутанол⁄этилендиамин (2) в атмосферных условиях

Термическое поведение исходных материалов исследовали с помощью инструмента TGA 2050 на воздухе и в атмосфере азота, в режиме линейного нагрева со скоростью 10 °/мин в температурном интервале 0 - 1000 °C. Изменение массы образцов при нагревании определялись с точностью 10^{-6} кг и представлены на кривых ТГ, скорость изменения массы – на кривых ДТГ, изменение энтальпии – на кривых ДТА. На Рис.23 приведены TG-DT кривые, полученные для образцов (1) и (3) при атмосферном давлении. Порошки аэрогелей (1) и (3) демонстрируют устойчивую потерю веса до температуры 250 °C, что связано с испарениеми флюида и воды. Появление экзотермических пиков на кривых при температурах 265 °C и 273 °C для образцов (1) и (3), соответственно, можно объяснить процессами окисления оставшихся органических веществ на поверхности кремниевых кластеров. Хотя в данной работе приведены кривые ТГ не для всех аэрогелей, следует отметить, что наблюдаемая потеря веса в структуре образцов (1), (3) и (10) выше 400 °C связана с термическим разложением групп -CH_3. Это позволяет сделать вывод о том, что в каркасах образцов гидроксильные группы замещаются гидрофобными метильными группами и, таким образом, гидрофобность кварцевых аэрогелей, полученных с использованием перечисленных выше флюидов, можно поддерживать примерно до 500 °C.

ЗАКЛЮЧЕНИЕ

Поиск новых путей коммерциализации получения уникального наноструктурного материала – кремниевого аэрогеля выявил необходимость решения целого ряда задач. Используя метод геометрического изображения фазовых равновесий, который широко применяется для анализа стабильных равновесий, была показана последовательная связь между стабильными равновесиями, метастабильной кристаллизацией и стеклообразным состоянием, а также продемонстрирована возможность прогнозирования появления метастабильных и стеклообразных состояний на Р-Т (для однокомпонентных систем) и Р-Т-х (для двухкомпонентных систем) диаграмм состояния. На конкретных примерах была показана связь между метастабильной кристаллизациией и стеклообразованием и установлено, что переход от равновесного состояния в стеклообразное проходит через метастабильное состояние. Показано, что метастабильная кристаллизация и стеклообразование является следствием полиморфизма или образованием соединений (в бинарных системах). В случае, если в системе наблюдается метастабильная кристаллизация, то есть существует реализация метастабильной диаграммы, то в такой системе при определенных кинетических условиях можно получить стекло. С другой стороны, если в системе отсутствует кристаллизация по метастабильной диаграмме, то стекло получить невозможно.

Отдельно явлениями азеотропии и полиазеотропии, а также существованием экстремумов на критических кривых и фазовыми равновесиями кристалл – расплав - пар занимались известные учене. Однако, до настоящего момента, вся связка целиком: от кристалла до флюида не рассматривалась. В данной работе впервые топологически были проанализированы основные случаи возникновения метастабильных состояний в двухкомпонентных системах. Необходимость таких теоретических исследований была продиктована прикладной задачей, возникающей при синтезе аэрогелей на стадии сушки, с целью получения бездефектных и прозрачных наноструктурных материалов. Было показано, что сушка - главная препаративная сложность при получении аэрогелей. Самым надежным способом, предложенным в 30-х годах прошлого века, является работа в закритической области, то есть с флюидом. Однако для чистых жидкостей, величины давления для критических точек составляют десятки атмосфер, а работа с автоклавами дорога и небезопасна. Попытки значительного число экспериментаторов попасть в закритическую область при атмосферном давлении, до сих пор основывалась на эмпирическом переборе азеотропов, т.е. двойных, тройных и четверных нераздельнокипящих жидкостей. На самом деле, если разобраться в физико-химической сущности явления, то возможно вести целенаправленный поиск азеотропных смесей. В этом смысле метод графического изображения фазовых диаграмм как нельзя лучше подходит для получения информации о состояниях и позволяет сэкономить большое количество времени и ресурсов за счет сокращения экспериментальных работ и сделать термодинамические прогнозы доступными, особенно для многокомпонентных систем

Комплекс всех перечисленных взаимосвязанных явлений требовал тщательного анализа. Существуют как положительные, так и отрицательные азеотропы, но для решения поставленной задачи использование положительных азеотропов вызывало определённые сомнения. Это связано с тем, что в изотермических условиях давление над положительными азеотропами выше, чем давление над чистыми компонентами. Далее, линия, соединяющая критические точки компонентов (критическая кривая) должна иметь экстремум. И, наконец, азеотроп жидкость-пар должен возникать в трехфазном равновесии кристалл – жидкость – пар, и с ростом температуры он должен либо исчезать, либо сохраняться вплоть до критического состояния. В последнем случае, благодаря подобию изобар температур кипения и критических кривых, существование азеотропа приводит к появлению экстремума на линии, соединяющей критические точки компонентов.

Теоретический анализ о возможности выхода в закритическую область при атмосферном давлении для бинарной системы в простом случае, когда два компонента смешиваются во всех фазовых состояниях: кристаллическом, жидком и парообразном показал [63], что, для того, чтобы попасть в закритическую область при давлениях ниже, чем давления в критических точках чистых жидкостей, необходима реализация ещё нескольких условий. Имеет смысл использовать отрицательные азеотропные смеси, которые образуют не только непрерывные жидкие, но и непрерывные твердые растворы. Более того, желательно, чтобы компоненты, составляющие азеотропы имели критические точки близкие по давлению (не более 50 атм.), но с большой разницей по температуре (не менее 200°).

Проведённые теоретические исследования легли в разработку нового способа получения кварцевого аэрогеля, включающего двухступенчатый золь-гель процесс с использованием тетраэтилортосиликата (TEOS) в качестве прекурсора диоксида кремния и изопропанола в качестве растворителя. Среди используемых отрицательных азеотропных смесей наиболее подходящими поровыми жидкостями для получения кварцевого аэрогеля методом атмосферной сушки, оказались азеотропные смеси n-бутанол/ этилендиамин, 2-бутанол/ этилендиамин и раствор карбоната аммония. Сравнение параметров этих образцов показало, что наибольшая удельная площадь поверхности (BET) ~ 1050 ± 10 м^2/г у аэрогелей, полученные с использованием в качестве поровой жидкости азеотропной смеси (1) n-бутанол/ этилендиамина, при средним диаметре пор (BJH) ~ 13 - 25 нм и плотности ~ 0.37 г/см^3. Таким образом, предложенные в данной работе, и не используемые ранее, поровые жидкости могут применяться для получения прозрачных бездефектных образцов кварцевого аэрогеля.

БЛАГОДАРНОСТЬ

Автор выражают глубокую благодарность своему научному консультанту, доктору химических наук, ведущему научному сотруднику ИОНХ РАН им. Н.С. Курнакова, профессору *Нипану Георгию Донатовичу* за постановку задач и постоянное внимание к работе, а также профессору Корейского Института Науки и Технологий (KIST) *Young-Jei Oh* за помощь в организации и проведении экспериментальных исследований при финансовой поддержке Корейской Федерация Наук и Технологий (KOFST).

ЛИТЕРАТУРА

1. Гиббс Дж. В. Термодинамика. Статическая механика, М., Наука, 1982.
2. Скрейнемакерс Ф.А. Нонвариантные, моновариантые и дивариантные равновесия, М., ИЛ, 1948.
3. Ricci J. E. The Phase Rule and Heterogeneous Equilibrium, Toronto, N.Y,L, 1951.
4. Аносов В.Я., Озерова И.И., Фиалков Ю.Я. Основы физико-химического анализа, М., Наука, 1976.
5. Тамман Г. Стеклообразое состояние, ОНТИ, 1935.
6. Аппен А.А. Химия стекла, Л., Химия, 1970.
7. Торопов Н.А. и др. Диаграммы состояния силикатных систем, Вып.2, Л., Наука, 1970.
8. Роусон Г. Неорганические стеклообразующие системы, М., Мир, 1970.
9. Порай-Кошиц Е. А. Некоторые философско-диалектические параллели в развитии теории строения стеклообразных веществ / Институт химии силикатов им. И. В. Гребенщикова, Л., Наука. 1991.
10. Вест А. Химия твердого тела. Теория и приложения: В 2-х ч., Ч. 2 / Под редакцией ак. Ю.Д. Третьякова, М, Мир, 1988.
11. Хоникомб Р. Пластическая деформация металлов. М., Мир, 1972.
12. Болутенко А.И. Научные гипотезы. Физика стекла, М., 1978.
13. Ландау Л. Д., Лифшиц Е. М., Статистическая физика, М., 1964.
14. Скрипов В. П., Метастабильная жидкость, М., 1972.
15. Скрипов В. П., Концепция метастабильности и фазовые переходы, Казань, 2002.
16. Тонков Е.Ю. Фазовые диаграммы элементов при высоком давлении. М., Наука. 1979.
17. Goldschmidt, V. M. Geochemische Verteilungsgesetze der Elemente. Skrifter Norske Videnskaps—Akad. Oslo, (I) Mat. Natur., 1926.
18. Верма А., Рам., Кришна П. Полиморфизм и политипизм в кристалах, М., 1969.
19. Курнаков Н.С. Введение в физико-химический анализ, Л., ОНТИ-ХИМТЕОРЕТ, 1936.
20. Нипан Г.Д., Гринберг Я.Х., Лазарев В.Б. Метастабильные состояния в системе Cd-As, Изв.АН СССР, Неорган.материалы, том 23, №10, 1987.
21. Угай Я.А. и др. Ж. Неорган. Материалы, №4,1968.

22. Кириленко И.А., Иванов А.А. Ж. Неорган. Химии, том 40, №11, 1995.

23. Кириленко И.А., Иванов А.А. Ж. Физической Химии, том 72, №7, 1998.

24. Moore, Walter J. Physical Chemistry, 3rd ed., Prentice-Hall 1962, pp. 140–142.

25. Даниэльс Ф., Олберти Р. Физическая химия, М., Мир, 1978.

26. Swietoslawsky W. W. Azeotropy and Polyazeotropy; Pergamon Press: N.Y., 1957.

27. Terech P. Low-molecular weight organogelators, Glasgow: Blackie Academic and Professional, 1997.

28. Van Esch J, Schoonbeek F, De Loos M, Veen EM, Kellog RM, Feringa BL. Low molecular weight gelators for organic solvents. Kluwer Academic Publishers, 1999.

29. Pekala R. W., J. of Material Science 24 (9), 1989, pp. 3221–3227.

30. Kistler S.S., Nature 127, 1931, p.741.

31. Pierre A. C., Pajonk G. M., Chemical Reviews 102 (11), 2002, pp. 4243–4266.

32. Adachi, I., Fratina, S., Fukushim, T., Gorisek, A., Iijima, T., Kawai H., Konishi, M., Korpar, S., Kozakai, Y., Krizan, P., Matsumoto T., Mazuka, Y., Nishida, S., Ogawa, S., Ohtake S., Pestotnik R., Saitoh S., Seki T., Sumiyoshi T., Tabata M., Uchida Y., Unno Y., Yamamoto S., Nucl. Instr. Meth. Phys. Res. A 553, 2005, pp. 146–151.

33. Kim, G.S., Hyun, S.H., 2003. J. Mater. Sci. 38, 1961.

34. Schuth, F., Sing, K.S.W., Weitkamp, J. Hand Book of Porous Solids, v. 3, 2002, p. 2014.

35. Brinker, C.J., Sherer, G.W., The Physics and Chemistry of Sol-Gel Processing, Acad. Press, New York, 1990.

36. Scherer, G.W., Smith, D.M. J. Non-Cryst. Solids 189, 1995, p. 197.

37. Brinker, C.J., Keefer, K.D., Schaefer, D.W., Assink, R.A., Kay, B.D., Ashley, C.S., J.Non-Cryst. Solids 63, 1984, p. 45.

38. Tewari, P.H., Hunt, A.J., Lofftus, K.D. Mater. Lett. 3, 1985, p. 363.

39. Husing, N., Schubert, U., Angew. Chem. Int. Ed. 37, 1998, p. 22.

40. Van der Waals J.D. Z.Physik.Chem., 5, 133, 1891, p. 133.

41. Teodorescu M., Wilken M., Wittig R., Gmehling J., Kehiaian H.V., Fluid Phase Equilibria, 204, 2003, pp. 267–280.

42. Fukné-Kokot K., Škerget M., König A., Ž. Knez, Fluid Phase Equilibria, 205, 2003, pp. 233–247.

43. Dorcheh A. S., Abbasi M.H., J. of Mat. Processing Technology 199, 2008, p.10.

44. Rao A.P., Rao A.V., Pajonk G.M., J. Non-Cryst. Solids 253, 2007, p. 6032.

45. Shlyakhtina A.V., Young.-Jei Oh, J. Non- Cryst. Solids 54, 2008, p. 1633.

46. Brinker C.J., Keefer K.D., Schaefer D.W., Ashley C.S., J. Non-Cryst. Solids 48, 1982.

47. Gordon A., Ford R., The Chemist's Companion, A Willey Publication New-York, 1972.

48. Deshpande R., Hua D., Smith D., Brinker C.J., J. Non-Cryst. Solids 144, 1992, p.32.

49. Bisson, A., Rodier, E., Rigacci, A., Lecomte, D., Achard, P., 2004. J. Non-Cryst. Solids 350, pp. 230–237.

50. Schuth, F., Sing, K.S.W., Weitkamp, J., Hand Book of Porous Solids, v. 3, 2002, p. 2014.

51. Gordon A., Ford A., The Chemist's Companion, A Willey Publication New-York, 1972.

52. Kreglewski A., Bull. Acad. Polon. Sci, 5, 329, 1957, p. 431.

53. Hyun S.H., Kim J. J., Park H.H., J. Am. Ceram. Soc. 83, 2000, p.533.

54. Gauthier B. M., Bakrania S. D., Anderson A. M., Carroll M. K. J. of Non-Crystalline Solids vol. 350, 15, 2004, pp. 238-243.

55. Дымент О.Н., Казанский К. С., Мирошников А.М., Гликоли и другие производные окисей этилена и пропилена, М., 1976.

56. John A. Dean, Lange's Handbook of Chemistry, Fifteenth Edition, McGraw-Hill, Inc., 1980.

57. Огородников С.К., Лестева Т.М., Коган В. Б., Азеотропные смеси. Справочник, Л., 1971.

58. Khimich N. N., Glass Physics and Chemistry, Vol. 30, No. 5, 2004, pp. 430–442.

59. Gregg S.J., Sing K.S.W., Adsorption, Surface Area and Porosity, 2nd ed., Academic Press, London, 1995.

60. Mohanan J.L., Brock S.L., Langmuir 15, 2003, p. 2567.

61. Brunauer S., Emmett P.H., Teller E. Adsorption of gases in multimolecular layers /Journal of the American Chemical Society, vol. 60, No. 2, 1938, pp. 309-319.

62. Fenner C.N., Amer. J. Sci., 36, 1913, p. 331.

63. Nipan G.D., Mykaylo O.A., Young-Jei Oh, Nanosystems, Nanomaterials, Nanotechnologies, 2010, N.3, pp.75-83.

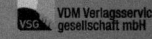

Printed by Books on Demand GmbH, Norderstedt / Germany